어메이징
브레인 쇼

# 어메이징 브레인 쇼

1판 1쇄 인쇄 2024. 7. 5.
1판 1쇄 발행 2024. 7. 17.

지은이 최현우, 송영조

발행인 박강휘
편집 정경윤  디자인 조명이  마케팅 고은미, 이유리  홍보 이한솔
발행처 김영사
등록 1979년 5월 17일(제406-2003-036호)
주소 경기도 파주시 문발로 197(문발동) 우편번호 10881
전화 마케팅부 031)955-3100, 편집부 031)955-3200 | 팩스 031)955-3111

값은 뒤표지에 있습니다.
ISBN 978-89-349-3395-3 03400

홈페이지 www.gimmyoung.com        블로그 blog.naver.com/gybook
인스타그램 instagram.com/gimmyoung  이메일 bestbook@gimmyoung.com

좋은 독자가 좋은 책을 만듭니다.
김영사는 독자 여러분의 의견에 항상 귀 기울이고 있습니다.

# 어메이징 브레인 쇼

뇌를 속이는 마술, 마술을 원하는 뇌

최현우 X 송영조

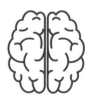

김영사

# 내가 아닌 뇌가 만들어내는 마술

누구나 인생에 마법 같은 순간들이 있다. 우리가 과학과 마술에 대해 깊은 대화를 나누었을 때가 그랬다. 서로가 마술에 깃든 뇌과학의 중요성을 인식하고 있다는 것을 그날 처음 알게 되었기 때문이다. 곧바로 마술에 관한 뇌과학 책을 함께 써보자는 이야기가 나왔다.

처음 이 책을 쓰겠다고 했을 때, 마술을 뇌과학적으로 바라보는 것에 의문을 표하는 사람들이 있었다. 논리만으로 이루어진 과학과 논리를 깨부수는 마술의 결합이 모순처럼 보였기 때문일 것이다. 그러나 이 둘은 중요한 공통점이 있다. 바로 뇌다. 우리 뇌가 이 둘을 만들어낸다. 과학은 관찰된 데이터를 기반으로 가장 합리적인 판단을 내리는 학문으로, 결국 과학적 탐구는 뇌를 통해 이루어진다. 마술은 놀라운 일을 만들어내는 예술로, 생존에 특화된 뇌의 합리적 판단 과정이 지닌 편향에 기반한다는 점에서 뇌를 이용한 예술이다. 그리고 그 뇌의 편향마저 진화론적 관점에서 보면 합리성이 존재한다. 이러한 본질적 연관성은 실제로 여러 뇌과학자들과 심리학자들이 마술을 연구하는 계기가 되었으며, 이 책은 그런 연구자들의 노력을 바탕으로 마술에 담긴 중요한 뇌과학적 원리를 소개하려 했다.

우리는 이 책에서 무엇보다 주의 과정, 지각, 의사 결정, 기억 등 일상에서도 알아두면 좋을 뇌과학의 핵심 요소들을 마술을 통해 안내하려 했다. 뇌과학에 생소한 독자도 재미있는 마술과 함께라면 뇌 기능의 원리를 쉽게 이해할 수 있을 것이다. 다음으로, 과학자들이 이 책을 통해 마술에 관심을 갖게 되기를 희망한다. 마술이 뇌에서 일어난다는 사실뿐만 아니라, 마술적인 현상을 이해하는 것이 뇌의 작동 원리를 이해하는 데 중요한 통찰을 제시한다는 점을 느꼈으면 좋겠다. 마술이 뇌과학에 주는 통찰은 뇌의 편향과 한계를 드러내는 것을 넘어, 뇌의 본질적 원리에 관한 이론들을 이해하는 도구로서도 중요하다. 이 책을 통해 이런 부분이 잘 소개되었으면 한다. 마지막으로, 마술사들도 마술적 기법에 관한 뇌과학적 통찰을 얻어가길 소망한다. 현재 마술사들이 사용하는 마술적 기법들은 선대 마술사들이 남긴 통찰과 마술사 본인의 수많은 경험 속에서 갈고닦아진 것이다. 이러한 기법들이 과학적 방법론을 통해 평가된다면, 본질적인 의의와 효과, 한계도 깨닫게 될 것이다.

책은 각각의 독자가 어떤 경험을 해왔는지에 따라 다르게 읽히므로, 이 책을 읽는 독자 모두 서로 다른 것을 얻어갈 것이다. 책을 덮은 뒤 저마다 어떤 메시지를 가져가게 될지 마술사로서, 과학자로서 무척 궁금하다. 만약 우리가 하나의 메시지를 고를 수 있다면, 다음의 문장을 남기고 싶다. 그리고 이 문장의 의미를 함께 곱씹어보면 좋겠다.

"뇌는 마술을 원한다."


2024년 여름
최현우, 송영조

차
례

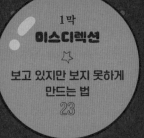
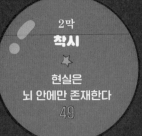

# Amaizing Brain Show

# 오프닝

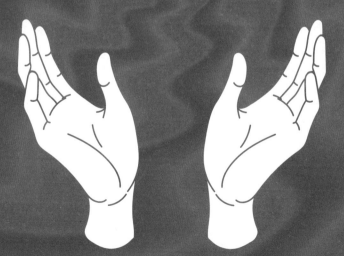

뇌는 전략적으로
착각한다

"우리가 경험할 수 있는 가장 아름다운 것은
이해할 수 없는 미스터리이다.
이는 모든 진정한 예술과 과학의 근원이다."

알베르트 아인슈타인(물리학자)

**최현우** ———  오늘 무대는 정말 독특합니다. 여러분은 마술을 보실 뿐 아니라, 그 비밀도 알게 될 거예요. 그 비밀을 알고 난 뒤에는 마술을 믿지 않는 것이 아니라, 오히려 마술의 새로운 측면에 감탄하게 될 거고요. 오늘 소개할 마술의 비밀은 단순히 사람이 어디에 숨는지, 카드를 손등에 어떻게 감추는지 따위가 아니기 때문이죠.

마술사는 전 세계에서 가장 오래된 직업 중 하나예요. 이집트 벽화에도 잘 기록되어 있죠. 당시 마술사는 신관으로서 사람들에게 마법을 보여줬습니다. 왕 다음의 지위였죠. 물론 중세 시대에는 마녀로 몰려 억울하게 화형을 당하기도 했어요. 그러나 마술사들은 비밀을 유지하며 비법을 전수해왔고, 지금까지 많은 사람들에게 사랑받고 있습니다. 이제 여러분을 마술의 가장 깊은 비밀로 안내하려 합니다. 저와 함께할 분은 마법을 사랑하는 뇌과학자, 송영조 씨입니다.

▷ 고대 이집트의 마법과 의학의 신 헤카(Heka).[1] '헤카'는 마법과 마술을 뜻하기도 했다. 당시 마술은 신과 인간 모두가 활용할 수 있는 자연의 힘을 의미했으며 일상과 종교에 깊숙이 통합되어 있었다.

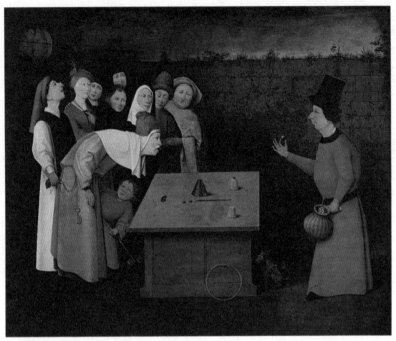

▷ 히에로니무스 보스의 〈마법사(the Conjurer)〉에서 마술사가 공연하는 동안 뒷줄 남자가 지갑을 훔치고 있다. 중세 유럽에도 컵과 공을 이용한 마술이 있었음을 보여준다.[2]

**송영조**〓〓〓 안녕하세요. 오늘 공연에서는 단순히 마술 트릭trick*을 엿보는 것을 넘어, 우리가 왜 트릭에 속아 넘어가는지, 마술사들이 인간 심리의 어떤 점을 이용하는지에 관한 뇌과학적 원리를 알게 될 거예요.

● 관객을 속이는 데 사용되는 기술이나 방법.

많은 사람들이 우리 뇌가 완벽하다고 착각하곤 하지만, 오늘 여러분은 뇌가 얼마나 많이 착각하는지 알게 될 겁니다. 오히려 '뇌는 착각하기 위해 존재하는 것이 아닐까?' 하고 느끼실 수도 있죠. 여기서 중요한 건 뇌가 착각한다는 사실이 단지 뇌의 정보처리 능력이 부족하다는 의미가 아니라, 생존을 위해 진화적으로 정밀하게 짜인 뇌의 생존 전략을 뜻한다는 점입니다. 마술사들의 기법들은 이러한 뇌의 생존 전략을 이해하는 데 정말 중요한 시각을 제공해요. 마술사들은 인간의 뇌를 어떻게 이해하고 있나요?

**최현우** _____ 저희 마술사들은 뇌가 감각을 받아들이고 생각하는 과정의 특징과 인지 오류 등을 이해한 뒤 마술에서 활용하고 있어요.

첫째로 '주의 집중 조절'이 있습니다. 뇌가 한 번에 한 가지 일에만 집중할 수 있다는 점을 이용해, 관객의 주의를 다른 곳으로 유도하는 거죠. 관객이 마술사의 중요한 행동을 놓치도록 하기 위해서요. 둘째로 '착시'를 이용합니다. 마술은 종종 감각을 속여 신기한 현상phenomenon•을 만들어내는데, 착시 현상이 그 대표적인 예죠. 셋째로 '기억의 오류'가 있어요. 사람들은 완벽하게 기억하는 것이 아니라 기억을 재구성해요. 그래서 마술사들은 이를 이용해 관객이 보지 않

---

● 마술 트릭의 결과물로, 트릭을 알지 못하는 관객이 느끼는 마술적 효과(예: 손에서 동전이 사라짐, 사람이 절반으로 잘림).

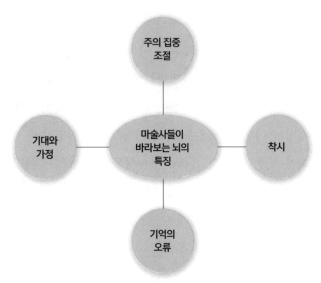

▷ 마술사들은 오랫동안 인간의 뇌를 고유한 방식으로 이해하고 활용해왔다.

았는데 본 것처럼 믿게 만들죠. 마지막으로 '기대와 가정'을 들 수 있습니다. 특정 패턴을 보여준 후 깨뜨리는 식으로, 관객의 기대와 가정을 이용해 예상치 못한 결과를 만들어내는 거예요. 이처럼 마술사들은 고유의 방식으로 뇌의 작동을 이해하고 활용해 마술을 만들어냅니다.

**송영조** _____ 마술사는 이미 뇌과학자보다 뇌에 대해 더 깊이 이해하고 있을지 모르겠다는 생각이 드네요. 마술은 과학적으로도 매우 흥미로운 예술 분야입니다. 마술을 과학적으로 정의해본다면 "관객

어메이징 브레인 쇼

이 현실과는 다른 상황을 인지하게 만들고, 이를 이용해 관객의 기대 expectation을 깨뜨리는 행위"라고 할 수 있죠.[3]

프렌치 드롭French drop 동전 마술을 예로 들어보겠습니다. 영상 1을 보시면 최현우 마술사가 동전을 왼손으로 잡는데, 손을 확인해보면 실제로는 오른손에 있는 간단한 마술입니다. 동전을 왼손으로 옮겨 쥐는 것처럼 보이는 과정에서, 동전이 왼손에 가려진 순간 실제로는

영상1

오른손에 떨어지게 되죠. 하지만 이를 모르는 관객은 왼손으로 옮겨

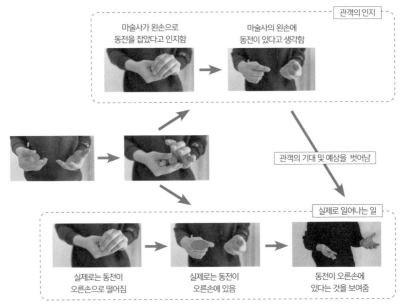

▸ 동전 마술 중 하나인 프렌치 드롭은 동전이 들어 있는 손에 대한 관객의 기대를 깨뜨리는 것이 핵심이다.

졌다고 인지합니다. 그래서 마술사가 손을 폈을 때 '동전이 왼손에 있다'는 관객의 기대가 깨지게 돼요.

물론 실제 마술은 장르가 다양하기 때문에, 이 정의에 딱 들어맞지 않는 마술도 존재합니다. 하지만 '관객이 현실을 실제와 다르게 인식하도록 유도한다'는 점은 대체로 공통되죠. 관객이 현실을 착각하도록 만들기 위해, 마술사는 최신 과학과 공학 기술을 섭렵해야 할 뿐 아니라 뇌의 인지 과정까지 잘 이해해야 해요.

뇌에 대한 마술사들의 독특한 관점은 최근 들어 뇌과학자들의 중요한 연구 주제로 떠오르고 있습니다. 말씀하신 것처럼 마술은 전 세계 모든 문화권에서 찾아볼 수 있는데, 이러한 보편성은 마술의 신비함, 그리고 이러한 신비함에 대중이 빠져드는 것이 뇌의 근본적 원리에 기반할 수 있다는 점을 보여주죠. 실제로 영국 플리머스 대학교 심리학과에는 마술을 집중적으로 연구하는 '매직랩MAGIC-lab'이라는 연구실이 있는데, 여기서 발표한 여러 연구 결과는 마술의 원리에 관한 매우 흥미로운 시각을 제공합니다. 오늘 공연에서도 이 연구실에서 진행한 연구 결과들을 많이 다루게 될 거예요.

**최현우** ───── 뇌과학이 마술 원리를 연구한다니 마술사들에게도 반가운 소식이네요. 그런데 뇌는 여전히 인간의 신체 중에서 가장 베일에 싸여 있는 것 같아요. 저희 마술사들도 오랜 전통과 시행착오 속에서 뇌를 공부해왔고요.

어메이징 브레인 쇼

**송영조** _____ 21세기 들어 가장 빠르게 발전한 학문 분야 중 하나는 단연 뇌과학인데요, 두개골을 열지 않고도 뇌를 들여다볼 수 있는 뇌영상 기술이 발달하면서 사람마다 뇌가 어떻게 다른지 살펴볼 수 있게 되었죠.

마술사의 뇌와 과학자의 뇌가 어떻게 다른지 궁금하지 않으세요? 다음 사진에서 최현우 마술사의 뇌는 얼핏 보면 저보다 작아 보이지만, 뇌 구조 측정 프로그램으로 계산하면 실제로는 조금 더 크게 나오는 경향이 있어요. 재미있는 점은, 언어 이해와 물체 인식에 중요한 역할을 하는 측두엽의 크기는 제가 더 큰 반면, 감각 통합과 공간 인식에 중요한 역할을 하는 두정엽은 최현우 마술사가 살짝 크게 나타났다는 거죠. 물론 이것을 마술사와 과학자의 일반적인 차이라고 단정 지을 수는 없고요. 중요한 건, 뇌과학 기술이 발전하면서 마술

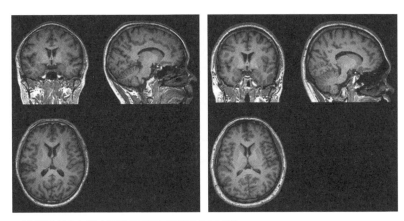

▷ 최현우 마술사(왼쪽)와 송영조 뇌과학자(오른쪽)의 뇌 MRI 사진

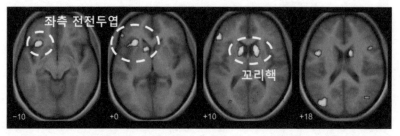

▷ 마술 영상을 볼 때 크게 활성화된 뇌 영역을 표시한 뇌 단면(왼쪽부터 위→아래) 사진. 행동과 결과의 관계에 대한 정보처리에 중요한 역할을 한다고 알려진 '꼬리핵'이 내내 활성화되었고, 복잡한 행동을 해석할 때 중요한 역할을 맡는 것으로 알려진 좌측 전전두엽 *의 반응도 나타났다.

사와 과학자의 뇌가 어떻게 다른지 손쉽게 확인할 수 있게 되었다는 것이죠.

더 나아가 위의 뇌 단면 사진에서처럼 마술을 볼 때 뇌의 어떤 부위가 반응하는지도 살펴볼 수 있습니다.[4] 우리가 마술을 볼 때는 여러 뇌 부위가 활성화되는데, 그중 크게 두드러지는 것은 행동과 결과의 관계에 대한 정보처리에 중요한 역할을 한다고 알려진 꼬리핵 Caudate nucleus 반응입니다. 이 부위는 마술을 보는 내내 활성화되었는데, 이는 마술적 현상에 대한 기대감을 나타내는 것으로 보여요. 이 뇌 부위는 결혼한 상대를 볼 때,[5] 혹은 이성에게 강한 끌림을 느낄 때[6]도 활성화되는 것으로 알려져 있죠. 애착을 형성하는 과정[7]과 마술을

●   전두엽은 사고, 계획, 의사 결정, 문제 해결, 감정 조절과 같은 고차원적 인지 기능에서 중요한 역할을 담당한다.

                                                 어메이징 브레인 쇼

볼 때의 기대감 사이에 어떤 관계가 있지 않을까 생각해볼 수 있는 지점이에요.

또한 마술을 보는 사람은 좌뇌(특히 좌측 전전두엽)의 우세한 활동이 관찰되었는데, 마술과 같은 복잡한 행동을 해석하는 데 좌뇌가 역할을 하는 것으로 보입니다.[8] 여기서 재미있는 건, 마술의 비밀을 모두 아는 마술사가 볼 때는 이 뇌 부위에 반응이 나타나지 않았다는 점이에요. 이처럼 마술은 뇌과학자들에게 좋은 연구 소재일 뿐만 아니라, 마술에 관한 뇌과학자들의 연구 결과 또한 마술사들에게 예리한 관점을 제공합니다. 마술과 뇌과학은 상호 보완적인 관계라는 것이죠.

오늘 공연을 통해 이러한 마술과 뇌과학의 관계, 그리고 마술의 깊은 비밀을 속속들이 이해하게 될 거예요. 이를 위해 오프닝부터 엔딩까지 총 8개의 테마로 구성된 꽉 찬 공연을 준비해두었답니다. 각각 미스디렉션, 착시, 대비, 기억, 선택, 믿음 등 마술 속 여러 심리적 요소를 주제로, 마술사들의 트릭에 깊이 숨겨진 뇌과학적 원리를 소개

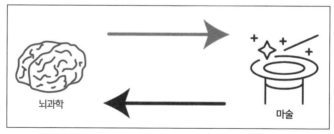

▷ 마술은 뇌과학적으로 중요한 연구 대상이며, 뇌과학적 연구 결과들은 마술사들에게 마술 속 심리 기술을 이해하는 데 중요한 토대를 제공한다.

해보겠습니다.

**최현우** _____ 여러분이 흥미로워하실 마술들도 많이 준비되어 있습니다. 그리고 내용 중간중간에 저희가 준비한 마술 영상들도 볼 수 있고요. 다들 관람할 준비가 되셨나요? 이제 본격적으로 공연을 시작하도록 하겠습니다!

# 1막

# 이스디렉션

## 보고 있지만 보지 못하게
## 만드는 법

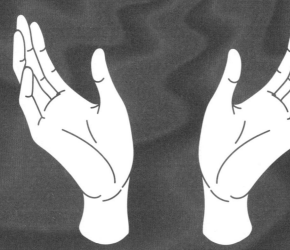

"나에게 한 명의 조수가 있다.
그녀의 이름은 미스디렉션Mis. direction이다."

앨버트 고슈먼 Albert Goshman(마술사)

**최현우** ——— 사실 글로 마술을 보여주기란 쉽지 않습니다. 마술은 시각적 요소가 강하기 때문이죠. 그래도 여러분께 잠깐 보여드릴까 합니다. 한번 집중해서 봐주세요. 트럼프 카드° 다섯 장이 놓여 있습니다. 여왕, 잭, 그리고 왕의 카드들입니다.

한 장을 마음속으로 기억해주세요. 되셨나요? 자, 이제 여러분이 생각하신 카드를 사라지게 하겠습니다. 간단한 마술이지만, 사라지게 하는 것은 항상 어렵군요. 바로 다음 쪽에서 확인해보시죠.

▷ 다섯 장의 카드 중 한 장을 마음속으로 기억해보자.

● 하트(♥), 클럽(♣), 다이아몬드(♦), 스페이드(♠)의 네 가지 무늬로 구성되어 있다. 무늬별로 대부분은 2~10의 숫자가 포함되어 있지만, 숫자 대신 잭(J), 퀸(Q), 킹(K)의 인물이 그려진 페이스 카드도 들어 있다. 각 무늬마다 들어 있는 에이스(A) 카드는 대개 가장 높은 또는 가장 낮은 카드로 사용되며, 숫자 '1'에 대응하는 카드로 활용되는 경우도 많다. 유일하게 무늬가 없는 조커(Joker) 카드는 총 2장이 들어 있으며, 특정 게임에서 특별한 역할을 한다.

▸ 생각했던 카드가 있는지 찾아보자.

**송영조** ——— 제가 생각한 카드가 없네요!

**최현우** ——— 사라졌죠? 비밀은 간단했습니다. 네 장의 카드가 전부 바뀐 거예요. 아예 다른 카드로 말이죠. 이 마술을 알고 계셨을 분들을 위해 제가 하나를 더 넣어놓았습니다. 혹시 카드 안에 숨어 있는 고릴라를 보신 분 계실까요?

**송영조** ——— 고릴라요? 앗, 정말 있었네요!

**최현우** ——— 아마 카드 무늬를 기억하는 데 집중한 나머지 고릴라를 보지 못했을 겁니다. 아는 마술이라고 대충 보고 넘긴 분일수록 더 못 봤을 거예요.

**송영조** ——— 이미 알고 있어서 안 속을 거라고 생각한 사람들이 더 속는 마술이군요.

어메이징 브레인 쇼

**최현우** —— 이 마술은 다르게 응용도 가능한 마술입니다. 영상 1-1을 통해 확인하실 수 있습니다. 하지만 이 정도로는 아직 많은 분들을 놀라게 하긴 이르죠. 더욱 신기한 마술을 보여드릴게요. 영상 1-2로 확인해보시겠어요?

영상 1-1

**송영조** —— 저도 마술은 많이 봤다고 생각했는데, 정말 신기하군요. 주의력이 멋대로 조종당한 기분이네요.

영상 1-2

**최현우** —— 인간의 주의력을 이용하는 이 기술을 '미스디렉션 misdirection'이라고 부릅니다.[1] 마술사가 이 기술을 적극적으로 활용하기 때문에 관객의 손목에 있던 시계가 사라지고, 마술사가 고른 카드가 관객의 주머니에서 나타날 수 있는 거죠.

각 국가를 대표하는 마술사들이 3년마다 모여 경연을 펼치는 마술 올림픽FISM이 있는데요, 이 대회에서 수상하는 마술사들 대부분이 숙련된 마술사들조차 속아 넘어갈 만큼 미스디렉션을 잘 사용합니다. 저는 2009년도에 수상했고 2012년부터는 심사위원으로 참여하고 있는데, 심사위원들도 뇌의 본능을 이길 수 없는 인간이라서 미스디렉션에 넘어가는 경우가 많아요. 그만큼 미스디렉션이 마술에서 큰 중요성이 있다고 말씀드리고 싶네요.

# 정보의 홍수, 뇌의 전략

**송영조** ——— 마술사들도 이미 주의력을 잘 이용하는 게 중요하다는 것을 알고 있군요. 사실 주의력은 뇌과학에서도 굉장히 흥미로운 분야 중 하나예요. 우리는 세상의 수많은 정보를 받아들이지만, 인지하는 것은 놀랍도록 적거든요. 다음의 두 그림에서 다른 부분을 찾아보시겠어요? 참고로 차이점은 딱 하나입니다!

**최현우** ——— 흠, 생각보다 어려운데요?

▷ 두 그림의 차이점을 찾아보자.²

어메이징 브레인 쇼

**송영조 ——** 괜찮아요. 저도 처음에 5분 동안 들여다봤지만 못 찾아서, 답을 보고 나서야 알아챘거든요. 차이점은 바로 지붕의 색깔입니다.

**최현우 ——** 아, 정말 그렇네요. 알고 나니 보여요.

**송영조 ——** 대부분의 사람들은 이 그림의 '차이'를 알아차리는 데 어느 정도 시간이 걸렸다고 해요. 한 논문에 따르면 적어도 13초가 필요했다고 하죠. 이는 주의력과 기억력의 한계로 발생하는 '변화맹 change blindness' 현상의 좋은 예시입니다.[3] 이제 다음 두 그림도 차이점을 찾아보시겠어요? 이번에는 훨씬 쉬울 거예요.

▷ 이 두 그림에서도 차이점을 찾아보자.[4]

**최현우** _____ 신호등의 색깔이 다른데요?

**송영조** _____ 차이점이 바로 보였죠? 알아채는 데 3초도 걸리지 않았을 거예요. 이 그림을 볼 때 여러분의 시선은 자연스럽게 신호등으로 먼저 갔을 겁니다. 우리가 도로에서 길을 건널 때 신호등 색깔은 굉장히 중요한 정보거든요. 길을 건너야 하는데 신호등 뒤에 있는 나무나 지붕의 색깔에 집중하고 있으면 위험한 상황을 많이 마주하게 되죠.

수많은 정보의 홍수 속에서 우리 뇌는 이처럼 가장 두드러진 것이나 제일 유용한 정보에 뇌의 제한적인 자원을 집중시킵니다. 이러한 과정을 '주의attention'라고 하죠.[5] 다만 우리가 주의 과정을 통해 유용한 정보를 취한다는 것은, 반대로 생각하면 그 외의 정보는 처리하지 않는다는 뜻이에요. 취하는 정보만큼 버려지는 정보도 있는 거죠.

**최현우** _____ 마술사도 바로 뇌의 그런 점을 이용합니다. 이 막을 시작하면서 보여드린 카드 마술이 좋은 예죠. 카드 다섯 장 중에 하나를 기억하라고 하면, 그 카드를 기억하는 데만 집중해서 다른 카드들은 기억하기가 쉽지 않아요. 더군다나 모두 바뀐 네 장의 카드 중에서 본인의 카드를 찾아보라고 하면, 본인의 기억한 카드와 일치하는 카드를 찾는 데만 집중하느라 카드 전체가 바뀌었다는 걸 인지하기가 어려워지죠.

어메이징 브레인 쇼

# 뇌는 보고도 무시한다

**송영조** ———— 뇌과학적 입장에서 볼 때 정말 영리한 트릭이라 할 수 있어요. 관객의 주의 과정을 의식적으로 조절해서 마술을 만드는 것이니까요. 사실 뇌에서 일어나는 주의 과정은 참으로 놀랍습니다. 우리는 물체를 쳐다보기 때문에 물체를 본다고 생각하지만, 사실 물체에 적절한 주의가 기울여져야 비로소 물체를 인지할 수 있죠. 영상 1-3에서는 흰색 옷과 검은색 옷을 입은 사람들이 서로 농구공을 패스하는데, 그중 흰색 옷을 입은 사람들이 공을 몇 번 패스하는지 세어보시겠어요? 유명한 실험이라 이미 알고 계신 분도 있을 겁니다.

영상 1-3

**최현우** ———— 그 유명한 '보이지 않는 고릴라' 실험이군요.

**송영조** ———— 다들 고릴라를 보셨나요? 보통 절반 정도의 참여자들이 고릴라를 인지하지 못한다고 해요.[6] 하지만 지금은 너무나 유명해진 실험이라 많은 분들이 고릴라를 보지 않았을까 싶어요. 이 영상이 익숙하신 분들은 영상 1-4에서 녹색 옷을 입은 사람들의 줄넘기 횟수를 세어보시죠.

영상 1-4

**최현우** —— 이미 테스트라는 것을 알고 있었기 때문에 닭이 지나가는 걸 보기는 했지만, 줄을 넘기는 사람과 배경이 바뀌는 건 전혀 눈치채지 못했네요. 그리고 영상 1-3도, 처음 봤을 때는 고릴라를 보지 못했던 것 같아요.

**송영조** —— 평소에 집중력이 좋으셔서 오히려 고릴라를 못 보신 게 아닐까 해요. 이런 현상을 '부주의맹inattentional blindness'이라고 합니다.[7] 주의가 다른 작업에 집중되어 있을 때 예기치 않은 자극을 의식적으로 감지하지 못하는 것을 말하죠.[8] 사실 이 현상에서 놀라운 점이 하나 있는데요, 이 영상을 보는 사람이 어디를 보고 있는지 관찰하는 실험에서 발견한 겁니다.

다음 사진에서 시선추적을 통해 사람들의 시선이 어떻게 이동하는지 볼까요?[9] 녹색 점이 표시된 곳은 시선이 잠깐 머물렀던 곳이에요. 분석 대상이 된 18명의 사람들 가운데 고릴라를 인지하지 못한 사람은 14명이었는데, 신기하게도 그 14명 중 절반 넘는 사람들(8명)이 고릴라를 잠시나마 쳐다보았다고 해요. 분명 고릴라를 응시했는데도 고릴라를 봤다는 사실을 알지 못했다는 거죠. 농구공의 패스를 세는 데 집중하게 되면, 그와 관련되지 않은 정보를 보더라도 우리 뇌가 그걸 무시한다는 뜻입니다.

**최현우** —— 고릴라를 봐도 보지 못한다니 정말 신기하네요. 마술

▷ '보이지 않는 고릴라' 실험에서 수행한 시선(녹색 점)추적 결과에 따르면, 참여자의 78퍼센트가 고릴라를 인지하지 못했는데, 그중 절반 이상은 고릴라를 중간에 쳐다봤다.

© 1999 Daniel J. Simons

사들이 마술을 할 때도 비슷한 일이 일어날까요?

**송영조** _____ 마술 진행 과정에서 일어나는 부주의맹을 시선추적 기술을 이용해 관찰한 실험도 있습니다. 그 결과, 실험 당시의 눈 깜빡임이나 담배가 떨어지는 순간 어디를 보고 있었는지와 같은 요인은 피험자들이 담배를 감지하는 데 영향을 주지 않았다는 사실을 발견했죠.[10] 다음 사진을 보시면[11] 마술사가 왼손으로 담배를 무릎에 떨어뜨리는 것을 알아챈 피험자와 알아채지 못한 피험자 대부분이 마술사의 오른손을 보고 있었어요. 알아채지 못한 한 명은 심지어 담배가 떨어지는 방향을 보고 있었는데도 담배를 감지하지 못했죠.

▷ 마술사가 왼손으로 담배를 무릎에 떨어뜨리는 것을 알아채지 못한 피험자 그룹의 시선 변화(왼쪽)와 알아챈 피험자 그룹의 시선 변화(오른쪽)는 크게 다르지 않았다. 두 그룹 모두 마술사의 오른손과 얼굴에 시선이 고정되어 있었다.


**최현우 ──────** 떨어지는 걸 보고도 인지하지 못하다니 신기하군요. 미스디렉션의 효과를 과학적으로 확인하니 정말 흥미롭습니다.


**송영조 ──────** '미스디렉션' 기술은 보고 있는 걸 보지 못하게 만드는 마법 같은 기술이에요. 하지만 이 연구 결과를 해석할 때는 조심할 부분이 있습니다. 지금 보여드린 결과는 트릭(담배를 무릎으로 떨어뜨리기)이 정말 순식간에 지나가는 경우를 관찰한 결과인데, 마술사들은 훨씬 더 큰 동작이나 오래 걸리는 동작을 미스디렉션으로 속이기도 하거든요. 이때는 좀 더 다른 방식이 필요할 수 있습니다.


**최현우 ──────** 저희 기술을 정말 잘 아시네요. 말씀대로 미스디렉션 기술은 상황에 따라 훨씬 더 효과적으로 사용되곤 하죠.


어메이징 브레인 쇼

**송영조** ——— 직접 보여주시면 어떨까요?

**최현우** ——— 알겠습니다. 영상 1-5를 확인해주시죠.

영상 1-5

**송영조** ——— 뇌가 정말 즐겁게 농락당하는 기분이네요. 심지어 트릭의 원리를 알고 나서도 제 뇌가 본능적으로 현우 씨의 손놀림을 따라가는 게 너무 즐거워요.

**최현우** ——— 이렇게 시선을 조절하는 건 마술의 트릭을 효과적으로 숨기는 데 중요합니다. 영상을 돌려보면 아시겠지만 작은 공이 사라지거나 나타나는 마술 효과들에 관객의 시선을 집중시킨 뒤, 더 큰 공이나 과일들을 다시 컵에 숨겨놓을 수 있죠.

**송영조** ——— 저렇게 큰 동작을 숨기려면, 관객의 시선을 확실히 컨트롤할 수 있어야 합니다. 이를 실험으로 보여준 연구가 하나 있는데요. 컵과 동전을 이용한 '컵 앤 코인cup & coin 실험'이라고 해두죠. 영상 1-6을 통해 확인해주시기 바랍니다.

영상 1-6

**최현우** ——— 대놓고 동전이 이동했는데, 저도 완전히 놓쳤네요!

**송영조 ——** 저렇게 반짝이는 물체가 천천히 냅킨 사이를 이동하는데도 깜빡 놓치신 분들이 많을 거예요. 이 영상에서 동전이 이동하는 데 대략 0.55초가 소요됐죠. 다음 사진에서처럼 시선추적을 통해 피험자들의 시선을 조사해보니,[12] 움직이는 동전을 감지한 참가자의 경우, 동전을 감지하지 못한 참가자에 비해 컵(주의를 분산하는 도구 역할)에 시선을 고정하는 경우가 적었고, 냅킨 사이의 공간에 시선을 고정하는 경우가 많았습니다. 앞서 담배를 떨어뜨린 실험에서는 담배가 순식간에 떨어졌기 때문에(0.2초 이하) 시선의 영향을 덜 받았지만, 이렇듯 비교적 긴 시간 동안 트릭이 일어나는 경우 다른 곳에

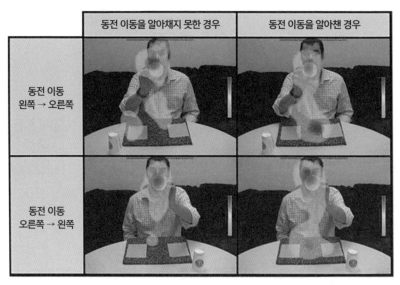

▷ '컵 앤 코인 실험'에서 동전의 이동을 알아차린 피험자들은 그렇지 못한 피험자들에 비해 컵보다 냅킨 사이에 시선을 고정하는 경우가 많았다.

어메이징 브레인 쇼

시선이 고정되는 것이 중요하다는 걸 알 수 있죠.

## 주의력을 조종하는 법

**최현우** ——— 정확합니다. 마술사들이 미스디렉션을 효과적으로 사용하려면 관객의 시선을 적절히 컨트롤해야 하죠. 다만 이런 과정은 굉장히 자연스럽게 이루어져야 해요. 갑자기 "저기를 보세요!" 하고 억지로 주의력을 조절하면 역효과만 나거든요. 조금 전 영조 씨가 "본능적으로 따라간다"고 표현하신 것처럼, 관객이 무의식적으로 한 곳에 시선을 집중하도록 만드는 게 상당히 중요합니다.

아마 여러분은 "마술사의 손은 눈보다 빠르다"라는 말을 한 번은 들어봤을 거예요. 그런데 이건 미스디렉션의 개념을 잘못 이해했거나, 손이 빠르다고 착각하게끔 마술사들이 연출했기에 나온 말이라고 할 수 있죠. 솔직히 말씀드리면 저는 보통의 사람들보다 특별히 손이 빠르진 않아요. 다만 마술의 가장 큰 특징은 사람들의 시선을 분산하거나 다른 곳으로 집중시킨 사이에 모든 것이 일어난다는 겁니다. 그래서 사람들이 오해하는 것 같아요. '아, 내가 보고 있었는데 마술사의 손이 너무 빨라서 이게 없어졌구나' 하고요.

**송영조** ——— 지금 굉장히 중요한 개념을 말씀해주셨는데요. '보이

어메이징 브레인 쇼

지 않는 고릴라' 실험에서처럼 우리가 어떤 목적(예: 패스 횟수를 세는 것)을 위해 무언가에 집중하는 과정을 '톱다운 주의top-down attention'라고 합니다. 우리의 의식적 노력이 필요한 과정이라서 보통은 마술사들이 "카드를 한 장 기억해주세요", "카드의 개수를 세어주세요" 같은 말로 부탁하며 발생하죠.

이와 대조적으로, 본능적으로 집중시키는 것은 '바텀업 주의bottom-up attention'에 해당돼요. 주변 환경의 특이한 자극이나 흥미롭고 (생존에) 중요한 자극에 반응해 주의를 집중시키는 과정이죠. 예를 들어 우리 주변에서 반짝이는 빛이나 갑작스러운 소리 등은 자동으로 눈

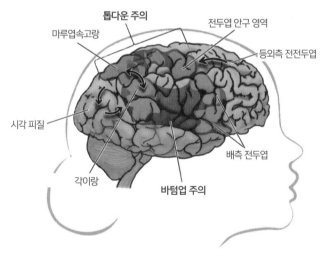

▷ 흥미롭게도 톱다운 주의는 뇌의 위쪽 부분에서, 바텀업 주의는 뇌의 아래쪽 부분에서 주요하게 처리되는 것으로 보인다.[13] 이외에도 주의 과정과 관련해 다양한 뇌 부위가 중요하다는 것이 밝혀졌지만, 다양한 맥락에서 어떻게 구현되는지는 아직 밝혀지지 않은 것이 더 많다.

길을 끄는 자극들이라고 할 수 있습니다. 책장을 넘기면서 바로 앞쪽의 그림은 보셨나요? 아마 처음엔 많은 분들이 뒤에서 차를 운전하는 펭귄을 보지 못했을 거예요.

**최현우** ——— 아무래도 가운데 있는 분의 옷차림이 강렬하다 보니, 시선을 빼앗겼던 것 같아요.

**송영조** ——— 이는 시선을 자동으로 끄는 자극을 이용해 '바텀업 주의'를 활성화하는 예라고 볼 수 있어요. 관심이 갈 수밖에 없는 강력한 시각 자극을 이용해 주의력을 조종하는 거죠. 마술 공연 중에 등장하는 화려한 옷차림의 파트너, 토끼나 비둘기, 호랑이는 바텀업 주의를 확실히 활성화하는 요소들로 보입니다.

　다만 눈길을 끄는 요소들을 너무 많이 등장시키는 것은 공연을 난잡하게 만들 수도 있어요. 그래서 마술사들은 바텀업 주의를 활성화하기 위해 더 섬세한 방법을 이용하기도 합니다. 2011년에 수사나 마르티네스콘데Susana Martinez-Conde를 필두로 한 연구진이 마술사 아폴로 로빈스Apollo Robins와 진행한 연구에 따르면 마술사의 손이 단순 직선 운동을 할 때보다 큰 곡선 운동을 할 때 관객의 시선이 훨씬 많이 따라갔는데요,[14] 아폴로 로빈스가 펼치는 프렌치 드롭 동전 마술을, 두 가지 움직임을 통해 보시죠(영상 1-7). 궤적 모양에 따라 사람들의

영상 1-7

　어메이징 브레인 쇼

▷ 마술 공연에서 최현우 마술사가 관객의 시선을 집중시키기 위해 화려한 옷을 입은 파트너와 함께 등장한 모습(위). 라스베이거스의 마술사 릭 토마스는 호랑이를 마술쇼에 등장시키는 것으로 유명하다(아래).

시선이 완전히 통제될 수도, 아닐 수도 있다는 걸 알 수 있습니다.

## 마술사는 모든 것을 계산한다

**최현우** —— 사실 마술사들은 어떻게 하면 관객이 본능적으로 집중하게 만들 수 있을지 정말 많이 연구합니다. 말을 통해 관객이 집중하도록 컨트롤하는 것보다 무의식적으로 집중하게 만드는 방법이 훨씬 효과적이기 때문이에요. 마술사가 자신의 시선을 통해 관객의 주의력을 컨트롤하는 것도 그런 방법 중 하나죠. 영상 1-8과 영상 1-9를 각각 확인해보시면 둘 다 공이 사라지는데, 어떤 경우가 더 놀라운가요?

영상 1-8

**송영조** —— 영상 1-8이 단연 신기하네요. 알고 나서 다시 봐도, 이 영상에서는 또 괜히 놀라게 돼요.

영상 1-9

**최현우** —— 시선을 잘 이용하는 것만으로도 이렇듯 마술의 효과를 극대화할 수 있습니다. 마술사들은 동작을 할 때 서로의 시선을 꼼꼼하게 체크해주는데, 이처럼 마술사의 시선 하나로 마술의 효과가 반감되기도 하고 극대화되기도 하기 때문이죠.

**송영조** _____ 이러한 시선의 효과는 여러 심리학 분야에서도 많이 연구되고 있습니다. 만약 여러분이 길을 걷는데 다음 사진처럼 다들 위쪽을 바라보고 있다고 해보죠. 급한 일이 있지 않은 이상 위쪽을 확인하지 않고는 못 배길 겁니다. 인간은 사회적 동물이니까요. 우리는 다른 사람의 시선을 사회적 신호로 받아들이고 반응하는 신경 메커니즘이 뇌 속에 이미 저장되어 있습니다. 실제로 인간 아기를 대상으로 했을 때도 아기는 성인의 시선 방향을 따라갔다고 하죠.[15]

실제 이런 효과가 마술에 영향을 미치는지 조사한 연구가 있어요. 사람들에게 영상 1-8과 1-9 같은 두 영상을 보여준 뒤, 가짜 공 던지기가 진짜라고 느껴졌는지 물었죠. 실험 결과, 공을 던진 방향을 마술사가 바라보는 조건에서는 68퍼센트가 진짜로 느꼈다고 대답

▷ 길을 걷는데 모두가 위쪽을 바라보고 있다면, 위를 올려다보지 않고 지나갈 수 있을까?

한 반면, 공을 던진 방향을 마술사가 보지 않는 조건에서는 불과 32 퍼센트만이 진짜로 느꼈다고 대답했어요.[16]

**최현우** —— 마술사들이 이용해온 시선 효과가 과학적으로도 입증이 되었군요.

**송영조** —— 시선의 효과는 뉴로마케팅neuromarketing 연구 결과를 통해 더 확실히 느낄 수 있을 것 같습니다. 뉴로마케팅이란 '뉴런neuron'●과 '마케팅marketing'의 합성어로, 뇌영상 장비를 이용해 소비자의 무의식적 반응과 뇌 활동을 측정·분석한 뒤, 이를 마케팅 전략에 응용하는 새로운 마케팅 방법입니다.

여러분은 다음의 두 광고 중에서 어떤 광고를 볼 때 샴푸 로고에 더 시선이 머물렀나요?[17] 시선추적 데이터를 보면, 모델의 시선이 샴푸를 향했을 때 피험자의 시선 또한 샴푸에 더 많이 머물렀습니다. 영상 1-8과 1-9를 통해 보여주신 마술은, 이런 인간의 본능을 적절히 사용한 예시가 아닐까 싶네요.

● 뇌와 신경계를 구성하는 기본 단위로 정보를 처리하고 전달한다. 뇌에는 대략 860억 개 뉴런이 있다고 추정된다. 수상돌기(dentrite)에서 신호를 받아들여 세포체(cell body)에서 정보를 통합하고, 축삭(axon)을 통해 신호를 전달한다. 뉴런 사이의 접합 부위를 시냅스(synapse)라고 부르며, 뇌에는 1조 개 이상의 시냅스가 있는 것으로 추정된다. 시냅스로 연결된 뉴런들이 형성한 복잡한 네트워크는 인간의 생각, 감정, 운동 기능과 그 외 많은 인지 활동의 기반을 이룬다.

| 시선이 정면을 향했을 때 | 시선이 샴푸를 향했을 때 |

▷ 모델의 시선만 다른 동일한 광고 둘을 시선추적한 결과, 모델의 시선이 샴푸를 향했을 때 피험자의 시선 또한 샴푸에 더 많이 머물렀다.

**최현우 ──────** 저희 마술사들은 항상 인간의 본능을 염두에 두고 마술을 설계해요. 저희 나름의 연구를 한다고 할 수 있죠.

**송영조 ──────** 지금까지 말씀해주신 것 외에 인간의 주의력을 컨트롤하는 다른 방법이 있나요?

**최현우 ──────** 저희 마술사들이 많이 사용하는 트릭 중에는 관객의 주의를 부분적으로, 혹은 완전히 비활성화시키는 방법도 있습니다. 이 트릭을 '오프비트offbeat'라고 하죠. 오프비트와 관련된 뇌과학 연구도 있다고 들었어요.

**송영조 ──────** 맞습니다. 2016년에 마술 중에 주의가 이완되는 순간을 연구한 논문이 발표됐는데,[18] 결과가 참 흥미로워요. 마술을 보는 관객들의 눈 깜빡임을 측정한 결과, 마술사가 관객에게 숨기려는 행동을 할 때 많은 관객이 눈을 깜빡였다는 사실을 발견한 거죠. 이 순간에 마술사는 숨기려는 행동과 함께 관객의 주의를 이완시키기 위한 오프비트 같은 기법들도 사용했습니다. 눈 깜빡임은 주의가 이완된 순간을 잘 반영하는 것으로 알려져 있어요. 이를 고려할 때, 마술사가 사용하는 오프비트 등의 기법이 실제로 관객의 주의를 이완시키고, 따라서 트릭과 연관된 특정 행동을 숨길 수 있음을 시사합니다.

**최현우** —— 그뿐만이 아닙니다. 마술사들은 다양한 방법으로 관객의 주의를 비활성화할 수 있어요.[19] 예를 들어 유머러스한 개그에 의해 집단적 웃음이 만들어질 때, 주의가 완전히 비활성화됩니다. 여러분이 웃고 떠드는 순간, 이미 또 다른 마술이 일어나고 있죠.

**송영조** —— 유머는 우리의 긴장을 완화하는 매우 좋은 방법이죠. 마술사의 유머 또한 이 모든 걸 계산하는군요.

**최현우** —— 게다가 마술사가 박수를 받는 동안에도 관객의 주의는 완전히 비활성화됩니다.[20] 이 순간에 마술사는 관객이 눈치채지 못하게 준비 또는 조작(예: 동전 숨기기)을 할 수 있죠.

어메이징 브레인 쇼

**송영조** ——— 마지막으로 준비한 영상을 보면서 1막을 마치도록 하겠습니다. 살인 사건의 용의자를 심문하는 형사의 모습을 담은 아주 짧은 영상인데요, 우리 뇌의 집중력을 테스트해보겠습니다. 준비되셨나요? 영상 1-10을 통해 봐주시기 바랍니다!

영상 1-10

# 2막

## 착시

### 현실은
### 뇌 안에만 존재한다

"지속적이고 불변하는 것일지라도,
현실은 단순한 환상illusion에 불과하다."

알베르트 아인슈타인Albert Einstein(물리학자)

**최현우** ——— 많은 사람들이 마술사가 기술과 장치에 많이 의존할 거라고 생각합니다. 하지만 저는 마술이 현실에서 일어나는 것이 아니라 관객의 마음속에서 일어난다고 생각해요. 마술사들은 관객의 마음속에 환상illusion을 만들기 위해 오히려 사람들의 심리와 생각의 원리에 대해 훨씬 오래 고민하죠. 현실을 조작하는 것이 아니라, 관객의 정신 현상을 조종하는 거라고 할 수 있어요.

이 막에서는 마술의 이러한 면을 체험하게 될 겁니다. 인간이 완벽하게 모든 것을 볼 수 있다는 믿음을 깨는 게 마술의 큰 매력이지 않을까 싶은데요, 우리는 사물을 있는 그대로 보고 만지고 느낀다고 생각하지만, 사실 우리가 보는 것은 진실의 일부에 지나지 않기 때문이죠. 먼저, 마술을 하나 준비했습니다. 영상 2-1을 통해 확인해보시죠.

영상 2-1

**송영조** ——— 실제로 본 게 진짜인지, 거울을 통해 본 게 진짜인지 혼란스러워요. 보고 또 봐도 놀랍습니다.

**최현우** ——— 이 마술은 거울 착시 도형을 이용한 마술이에요. 인간의 지각 과정을 이용한 착시 현상을 마술사들도 적극 활용하고 있답니다.

# '9와 3/4 승강장'의 비밀

**송영조** ───── 〈네이처Nature〉라는 저명한 학술지의 자매 학술지 〈네이처 리뷰 뉴로사이언스Nature Review Neuroscience〉에 스티븐 매크닉Stephen L. Macknik과 수사나 마르티네스콘데가 마술사들과 함께 쓴 논문이 게재된 적이 있어요.[1] 이 논문은 마술 연구를 통해 새로운 신경과학적 특징을 연구할 수 있다고 강조했죠.

영상 2-2

───── 이 논문의 저자인 매크닉과 마르티네스콘데가 만든 재미있는 대회도 있어요. 바로 '올해 최고의 착시Best illusion of the year'라는 대회인데요(영상 2-2). 해마다 뇌과학을 연구하는 과학자들이 만들어낸 신기하고 놀라운 착시들이 경쟁하고, 상위 10개의 착시는 웹사이트에 게시되죠. 방금 보여주신 마술(영상 2-1)은 바로 2016년도 대회에서 2위에 오른 '모호한 원통 착시Ambiguous cylinder illusion'입니다. 수학자이자 착시 예술가인 일본 메이지대학 교수 고키치 스기하라杉原厚吉가 다음 사진처럼 고안했죠.[2] 시선의 변화에 따라 물체의 모양을 다르게 인식할 수 있다는 점을 이용해, 직접 본 이미지와 거울로 비친 이미지를 다르게 만들었어요(영상 2-3).

영상 2-3

**최현우** ───── 겨우 2등이라니 믿기지 않네요. 그럼 대체 어떤 착시

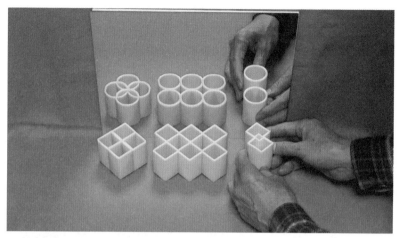

▷ 시선의 변화에 따라 물체의 모양을 다르게 인식할 수 있다는 점을 이용한 '모호한 원통 착시'. 뇌과학 연구자들이 해마다 모여 경쟁을 펼치는 '올해 최고의 착시' 대회에서 준우승을 차지했다.

효과가 1등을 하는 거죠?

**송영조** ——— 최근에 이 대회에서 1등을 한 착시를 보여드릴게요. 영화 〈해리포터〉 속 킹스크로스역의 '9와 3/4 승강장'을 아시나요?

**최현우** ——— 당연하죠! 제 직업이 마법사인걸요. '9와 3/4 승강장'이라고 써진 벽에 그대로 돌진하면 호그와트로 가는 기차를 탈 수 있죠.

**송영조** ——— 맞습니다. 이 '9와 3/4 승강장'이 실제 세계에서 구현된

▷ 영화 〈해리포터〉 속 킹스크로스역의 '9와 3/4 승강장'. 벽으로 돌진하면 호그와트행 열차를 탈 수 있는 새로운 공간으로 이어진다.

어메이징 브레인 쇼

다면 어떤 느낌일까요? 영상 2-4를 통해 확인해보시죠.

영상 2-4

**최현우** ——— 정말 신기한데요? 마술이라 해도 믿겠어요.

**송영조** ——— 이 착시는 과학 마술사이자 착시 디자이너인 맷 프리처드Matt Pritchard가 고안한 착시입니다. 프리처드의 SNS에는 이외에도 마법 같은 착시 현상들이 소개되어 있죠(영상 2-5).

영상 2-5

**최현우** ——— 어떻게 착시로만 이런 효과가 구현될 수 있나요?

**송영조** ——— 원리 자체는 현우 씨와 관객분도 아마 잘 알고 계실 거예요. 다음 그림을 한번 보시죠. 뭐가 보이나요?

**최현우** ——— 아래가 뻥 뚫린 위험한 절벽이 보입니다!

**송영조** ——— 보기만 해도 아찔하죠? '트릭아트'라고 불리는 착시 그림을 도보에 그린 거예요. 이런 트릭아트는, 보는 각도에 맞춰 적절히 원근감을 고려해 그려요. 예를 들어 57쪽 사진에서처럼 바닥에 도로 표시를 해놓으면, 운전자 입장에서는 마치 표시 그림이 서 있는

착시 그림을 도보에 그린 트릭아트. 우리 뇌는 원근감이 적절히 표현된 2차원 이미지와 실제 3차원 물체를 구분하지 못하기 때문에 2차원 트릭아트를 3차원 물체로 인지하게 된다.

▷ 트릭 아트로 구현한 도로 표시. 운전자 입장에서는 마치 그림이 서 있는 것처럼 눈에 쏙 들어온다.

것처럼 눈에 쏙 들어오죠. 우리 뇌는 원근감이 적절히 표현된 2차원 이미지와 실제 3차원 물체를 구분하지 못합니다. 그래서 2차원 트릭 아트를 3차원 물체로 인지하게 되는 거예요. 원근감이 잘 표현된 빌딩 사진에서 높이가 생생히 느껴지는 것도 같은 원리죠.

처음에 말씀하셨듯이, 마술이라는 '환상'은 마음속, 즉 뇌에서 만들어진다고 할 수 있어요. 하지만 여기서 중요한 것은, 우리는 마술을 볼 때만이 아니라 언제나 뇌가 만들어내는 환상 속에 살고 있다는 사실이죠.

▷ 원근감이 잘 담긴 사진이나 그림에서는 비록 2차원일지라도 건물의 높이감을 생생히 느끼게 된다.

**최현우** ―――― 언제나 환상 속에 산다니, 그게 무슨 말이죠?

## 우리는 언제나 환상 속에 산다

**송영조** ―――― 지금부터 말씀드리는 내용은 이 공연을 통틀어 가장 중요한 내용이 아닐까 싶습니다. 이는 뇌의 가장 기본적인 원리일 뿐 아니라, 애초에 마술이라는 예술을 가능하게 하는 근본적인 이유이기도 해요.

오프닝 때 보여드린 저희 뇌 MRI 사진을 기억하시죠? 우리 뇌는 두개골 안에 들어 있고, 이 두개골 안으로는 빛이나 소리가 직접적으로 들어오지 않아요. 뇌는 통각 세포도 없기 때문에 뇌를 직접 눌러도 우리는 아무것도 느끼지 못하죠.

**최현우 ──** 뇌를 직접 눌러도 아무런 느낌이 없다고요?

**송영조 ──** 맞습니다. 그래서 수술할 때 의사가 뇌를 건드려도 환자는 어느 부위를 건들고 있는지 느끼지 못해요.

**최현우 ──** 정말 신기하네요.

**송영조 ──** 이렇게 어둡고 조용한 곳에 갇혀 있는 뇌가 받는 것은 오로지 눈, 귀, 피부 등의 감각기관에서 오는 전기 신호뿐입니다.[3] 눈을 예시로 들어볼게요. 3차원 물체로부터 나온 빛이 눈으로 들어오면 망막에 상이 맺히게 돼요. 사진기의 원리와 비슷하죠. 우리가 찍은 사진이 2차원이듯 망막에 맺힌 상도 2차원입니다. 다음의 그림에서 볼 수 있듯이, 제가 현우 씨를 직접 보고 있어도, 제 망막에 들어오는 정보는 현우 씨를 찍은 사진을 보고 있는 것과 다르지 않죠.

다만 이렇게 망막에 들어온 2차원 정보가 전기 신호로 변환되어 뇌로 보내지면, 뇌는 이 2차원 정보만으로 실제 외부의 3차원 세상

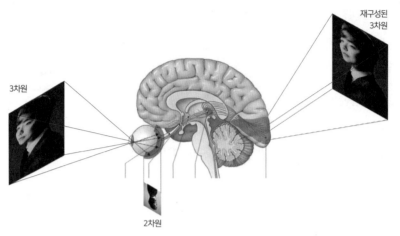

재구성된
3차원

3차원

2차원

▷ 3차원 물체로부터 나온 빛이 눈에 들어와 생긴 망막의 상은 2차원이다. 이 2차원 정보를 전달받은 뇌는 외부 세계의 3차원 이미지를 재구축한다.

이 어떻게 생겼을지 추측합니다.

**최현우** ——— 사진만 보고 실제 3차원에서 어떻게 생겼는지 추측한 다고요?

**송영조** ——— 정확합니다! 하지만 이미 2차원으로 납작해진 정보 (즉, 손실된 정보)를 다시 3차원으로 부풀려야 하는 거예요. 없어진 정 보를 새로 채워 넣어야 하는, 즉 무에서 유를 만들어야 하는 상황인 거죠.

**최현우** ——— 그게 어떻게 가능한가요?

어메이징 브레인 쇼

▸ 손을 뻗었을 때 겨우 닿을 만한 거리에 이 그림을 놓고, 오른쪽 눈만 감은 뒤 왼쪽 눈으로 오른쪽 뇌를 바라보자. 그리고 눈을 고정한 채 서서히 머리를 그림 가까이 옮겨보자.

**송영조** ———  뇌가 정보를 채워 넣는 현상은 이미 잘 알려져 있어요. 이번에는 제가 뇌과학의 맹점 실험을 이용해 현우 씨를 사라지게 해 보겠습니다. 위 그림에서 '최현우 마술사'와 '뇌' 이미지가 보이시나 요? 손을 뻗었을 때 겨우 닿을 만한 거리에 놓고 오른쪽 눈만 감은 뒤, 왼쪽 눈으로 '뇌'를 바라보세요. 그리고 눈을 고정한 채 서서히 머리를 그림 가까이 옮겨보실까요?

**최현우** ———  제가 감쪽같이 사라지네요?

**송영조** ———  반대로도 가능합니다. 왼쪽 눈을 감고 오른쪽 눈으로 '최현우 마술사'를 바라보면서 앞의 과정을 따라 하면 이번에는 '뇌' 가 사라지는 걸 확인할 수 있을 거예요.

**최현우** ———  어떻게 이런 일이 가능하죠?

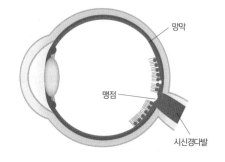

망막

맹점

시신경다발

▶ 망막에 맺힌 상의 정보는 전기 신호로 바뀌고, 신경 섬유를 따라 뇌로 전달된다. 여기서 신경 섬유는 컴퓨터 전선들이 책상 구멍에 모여 통과하듯이, 다발로 묶여 망막을 통과해 눈을 빠져나간다.

**송영조** ──── 눈의 단면도로 설명해볼게요. 망막에 맺힌 상의 정보는 전기 신호로 바뀌고, 신경 섬유를 따라 뇌로 전달되는데요, 여기서 신경 섬유는 눈을 빠져나가기 위해 다발로 묶여 망막을 통과하게 됩니다. 마치 컴퓨터 전선을 책상의 전선 구멍으로 모아 통과시키는 것처럼요. 이 신경 섬유 다발이 통과하는 곳에는 빛을 받아들이는 시각 세포가 없어서 시각 정보를 받아들일 수 없죠. 방금 '최현우 마술사'가 사라진 지점(최현우 마술사의 상이 맺힌 부분)이 바로 '맹점'이 있는 부분이에요. 따라서 이 부위의 정보는 주변 정보들을 이용해 채워지게 돼요.

**최현우** ──── 뇌가 부족한 정보를 채워 넣는다는 뜻이군요.

**송영조** ──── 맞아요. 이렇게 부족한 정보로부터 많은 정보를 추론

어메이징 브레인 쇼

해야 하는 문제를 과학자들은 '역문제inverse problem'라고 부릅니다.[4] 역 문제는 과학에서도 굉장히 어려워하는 문제인데, 뇌는 이 문제를 아주 영리하게 풀어내요. 틀릴 위험을 감수하고 편향적인 추론을 하는 거죠.[5] 다음의 아인슈타인 얼굴 조각 사진에서 아인슈타인의 얼굴이 볼록해 보이나요, 오목해 보이나요?[6]

▷ 아인슈타인 얼굴 조각은 오목해 보이는가, 볼록해 보이는가?

**최현우** ——— 볼록해 보이는데요?

**송영조** ——— 아마 대부분 볼록하다고 대답하실 거예요. 하지만 이

영상 2-6

사진 속 실제 얼굴 조각은 오목합니다. 앞서 나온 아인슈타인 얼굴 조각은, 다음의 맨 위 사진에서처럼 얼굴 조각을 화살표 방향(즉, 오목한 면)으로 바라보고 찍은 사진이죠. 이 사실이 믿기지 않는 분은 영상 2-6을 확인해보시면 이해가 잘 될 거예요.

**최현우** ——— 뭔가 제 눈에 배신당한 기분이네요.

**송영조** ——— 이 착시는 '속이 빈 얼굴 착시hollow-face illusion'라는 착시 현상입니다.[7] 조금 전에 제가 3차원 물체에서 온 빛이 눈에 들어오면 망막에 2차원 상이 맺힌다고 말씀드렸는데, 이 과정에서 물체가 오목한지 볼록한지에 대한 정보를 잃게 돼요. 즉, 아인슈타인 조각상의 오목한 면을 보든 볼록한 면을 보든, 망막에 맺힌 상은 동일해지는 것이죠. 이 상황에서 뇌는 항상 최선의 판단을 내립니다. 생각해보세요, 우리가 살면서 볼록한 얼굴을 마주칠 확률이 높을까요, 아니면 오목한 얼굴을 마주칠 확률이 높을까요?

**최현우** ——— 아무래도 볼록한 얼굴을 마주칠 확률이 높겠죠? 인간

어메이징 브레인 쇼

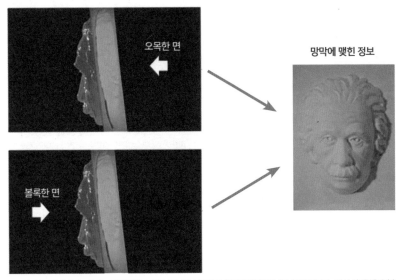

보는 위치

오목한 면

볼록한 면

망막에 맺힌 정보

▸ 3차원 물체에서 온 정보는 망막에서 2차원 정보가 되면서 깊이에 대한 정보를 잃어버린다. 따라서 물체가 볼록하든 오목하든 망막에 맺힌 상은 동일하고, 뇌는 망막에 맺힌 정보만으로는 물체가 볼록한지 오목한지 알 수 없게 된다.

의 실제 얼굴을 다 볼록하니까요.

**송영조** _____ 그래서 뇌 또한 이 상황에서 우선적으로 얼굴이 볼록하다고 판단합니다.[8] 그게 맞을 확률이 더 높으니까요.

**최현우** _____ 부족한 정보를 뇌가 이런 방식으로 적당히 채워 넣는 것이군요! 이 착시랑 연관된 마술로 '빌리어드볼 마술'이 있는데, 마술사의 손에서 당구공 크기 공의 개수가 늘어나죠. 트릭의 원리는 매

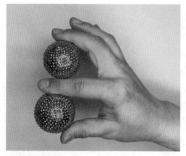

▷ 개수가 늘어나는 빌리어드볼 마술은 앞에서 보면 두 개의 공이 있는 것 같지만, 실제로는 그중 하나가 뒷면이 비어 있는 셸 형태다.

우 간단합니다. 다음 사진에서처럼 뒷면이 비어 있는 셸을 이용하기 때문에 셸과 공을 겹치면 하나의 공으로 보이고, 분리하면 두 개의 공처럼 보여요. 이렇게 두 개의 공처럼 보이는 것도 뇌가 정보를 채워 넣기 때문인 거죠?

**송영조** ─── 그렇습니다. 일반적으로 저렇게 생긴 물체는 뒷면도 동그랗게 채워져 있을 테니까요. 이 막 초반에 보여드린, '모호한 원통 착시'와 '9와 3/4 승강장 착시'도 같은 원리로 발생하는 착시 현상이죠.

'모호한 원통 착시'는 책 맨 뒤 '착시도형 만들기' 부록을 직접 만들어보면, 이해하기 훨씬 쉬울 거예요. 그 전개도를 이용해 만든 물체를 거울에 비춰보면 다음 사진 속과 같은 모양이 되는데,[9] 이 사진에서 실제 물체의 화살표 부분과 거울 속 화살표 부분이 대응되죠.

▷ '모호한 원통 착시' 도형을 거울에 비추면 실제 물체의 화살표 부분과 거울 속 화살표 부분이 대응되는 지점에서 달라진 기울기가 착시를 만들어낸다.

여기서 윗면의 기울기가 갑자기 바뀌는데, 이 바뀐 기울기는 보는 방향에 따라 윗면이 연결되어 보이기도(거울 속처럼), 윗면이 꺾여 보이기도(거울 밖처럼) 해요. 이런 이중성 때문에 착시가 만들어지는 거죠.

'9와 3/4 승강장 착시'의 경우, 벽의 일부는 실제 벽이 아니라 바닥에 그린 트릭아트예요. 그러니 비어 있는 벽 부분을 통해 물체가 통과할 수 있는 거죠.

## 마술을 만드는 뇌

**최현우** ——— 왜 이것이 마술을 가능하게 하는 원리인지 조금은 알

영상 2-7

것 같습니다. 뇌가 부족한 정보를 채워 넣는 방식의 허점을 이용한 마술이 굉장히 많거든요. 마술사라면 한 번쯤 해봤을 '앰비셔스 카드 마술'도 그렇습니다. 영상 2-7을 한번 보고 오시죠.

**송영조** ——— 최현우 마술사 하면 카드 마술이죠! 정말 놀랍습니다.

**최현우** ——— 이 마술에서 눈여겨보실 만한 기술은 바로 '틸트tilt'입니다. 다음 사진이 어떻게 보이나요?

**송영조** ——— 그냥 카드를 잡고 계신데요?

**최현우** ——— 여기에 트릭이 있습니다. 카드를 옆으로도 보실까요?

▸ 틸트 기술을 시작할 때 위에서 보면 그저 카드를 잡고 있는 듯 보인다(좌). 실제로는 공간이 비어 있는데도(우) 관객은 카드로 채워져 있을 거라 생각한다.

어메이징 브레인 쇼

**송영조** ——— 한 장만 더 위로 올라가 있네요!

**최현우** ——— 네, 하지만 관객은 비어 있는 공간도 카드로 꽉 채워져 있을 거라고 생각하죠.

**송영조** ——— 보이지 않는 정보를 자연스럽게 채우는 거네요.

**최현우** ——— 이 상황에서 카드를 중간에 넣는 동작을 수행하면, 관객은 카드를 중간에 넣는 줄 알지만 실제로는 카드가 위에서 두 번째에 위치하게 됩니다. 이런 방법으로 카드를 컨트롤할 수 있는 거죠.

**송영조** ——— 자세히 보더라도 훌륭한 착시입니다. 중간에 넣은 카드에서 느껴지는 깊이감과 유려한 동작 모두 카드가 중간에 들어갔다고 믿고 싶게 만들어요. 인간의 추론 능력이 지닌 허점을 잘 이용

 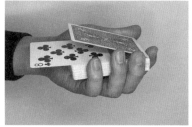

▷ 틸트 기술을 관객이 보면 카드가 중간에 들어가는 것 같지만(좌), 실제 카드는 아직 위쪽에 위치하게 된다(우).

하는 매우 좋은 예시네요.[10]

**최현우** ——— 마술사들이 발견한, 중요한 추론의 허점이 또 있습니다. 다음 마술(영상 2-8)도 보고 오시죠.

———

영상 2-8

———

**송영조** ——— 로프 길이가 자유자재로 변하네요?

**최현우** ——— 트릭은 간단해요. 실제 로프의 길이는 변하지 않습니다. 단순히 잡는 방법만 바뀔 뿐이죠. 실제로는 길이가 다른 세 가지 로프가 있습니다. 서로 다른 길이를 보여줄 때는 로프를 평범하게 잡으면 됩니다. 길이가 같은 것처럼 보여줄 때는 중간 길이의 로프는 평범하게 잡고, 긴 로프와 짧은 로프는 꼬아서 잡습니다. 이렇게 하면 긴 로프와 짧은 로프의 평균 길이는 중간 길이의 로프와 같아지므로, 꼬인 부분만 잘 가려주면 세 로프의 길이가 같은 것처럼 보이죠.

**송영조** ——— 손으로 가려진 로프의 정보를, 뇌가 또 적절히 채워주는 것이군요!

**최현우** ——— 그렇습니다. 실제로는 꼬여 있는 로프인데도 같은 길이의 세 가지 로프로 느껴지는 것은, 가려진 부분에서도 로프가 자연

어메이징 브레인 쇼

▸ 세 가지 로프의 서로 다른 길이를 보여줄 때는 로프를 평범하게 잡는다(왼쪽). 로프들의 길이가 같은 것처럼 보여줄 때는 중간 길이의 로프는 일반적으로 잡고 긴 로프와 짧은 로프는 꼬아서 잡은 뒤(오른쪽 위), 꼬인 부분만 잘 가려주면 세 로프의 길이가 같은 것처럼 보인다(오른쪽 아래).

스럽게 일직선으로 이어져 있을 거라고 생각하기 때문이에요. 물론 마술사의 연기가 더해지면서 더 자연스럽게 느껴지는 부분도 있죠.

**송영조** ———— 20세기 초 게슈탈트 심리학자들은 이 현상을 '연속성의 원리Law of good continuation'라고 불렀어요.[11] 이 원리에 따르면 사람들은 정렬된 물체가 좀 더 매끄럽게 변화하고 끊어지지 않는 윤곽을 형성한다고 인식하는 경향이 있습니다. 예컨대 다음 그림의 서로 만난두 개의 선은 A와 B 중 어떤 방식으로 만나는 게 더 그럴듯하나요?

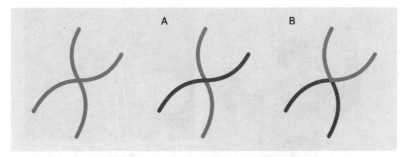

▸ 서로 만난 두 개의 선(왼쪽)은 A와 B 중 어떤 방식으로 만나는 게 더 그럴듯한가?

**최현우** _____ 아무래도 A에서처럼 매끄럽게 이어지는 두 선일 거라는 생각이 자연스럽게 드네요.

**송영조** _____ 그 또한 B처럼 급격하게 꺾이는 것보다는 A처럼 연속적이고 매끄럽게 변하는 것이 세상에 더 많기 때문일 거예요. 마술사들이 이러한 뇌의 특징을 적절히 사용한다니 놀랍습니다. 여러 마술과 착시 현상에서 볼 수 있듯이, 뇌는 부족한 정보를 채우기 위해 매우 똑똑한 동시에 편향적이기도 한 방법을 사용하죠.

지금까지 시각 위주로 설명을 드렸지만, 부족한 정보로 추론하려는 과정에서 생기는 편향과 한계는 시각 외에도 다양한 감각에서 나타납니다. 그리고 그런 부분이 있기 때문에 마술이 가능하죠.[12] 마술에서는 실제 현실이 비틀리는 게 아니라, 머릿속에서 현실이 재구성되는 과정이 비틀리는 거예요.

어메이징 브레인 쇼

**최현우** ——— 마술은 현실이 아니라 마음속에서 일어난다는 말을 좀 더 과학적으로 이해하게 된 것 같아요. 뇌가 부족한 정보를 채우려고 노력하는 점이 마술을 가능하게 만든다니, 많은 마술사가 이 사실을 주의 깊게 들을 필요가 있다는 생각이 듭니다.

**송영조** ——— 저는 뇌가 이렇게 어려운 문제를 교묘히 풀어내는 점이 정말 멋지다고 생각해요.

**최현우** ——— 마지막으로 한 번 더 착시 현상을 이용해 여러분의 인식을 비틀어보겠습니다. 공연 〈더 브레인〉을 준비하며 만든 영상인데, 영상 2-9로 확인해보시죠!

영상 2-9

# 3막

# 대비

## 신체분리 마술의
## 비밀

"빛은 어둠이 있어야만 그 의미가 있으며, 진실은 오류가 일어날
가능성을 전제로 할 때만 가치가 있다. 이러한 상반된 요소들이
뒤섞여 있기에, 우리 삶은 매혹적이고 중독적이다.
우리는 흑과 백이 충돌하는 긴장의 순간에만 존재한다."

**루이 아라공**Louis Aragon(시인)

**송영조** ——— 마술 공연을 할 때 관객이 가장 신기해하는 마술은 무엇인가요?

**최현우** ——— 아무래도 관객은 규모가 큰 마술을 좋아하는 것 같아요. 사람이 반으로 잘린다거나, 공중 부양을 하는 등의 마술이죠. 영상 3-1에서 볼 수 있는 것처럼요. 무대에서 진행되는 마술 중에 이처럼 큰 규모로 진행되는 마술을 '일루전illusion 마술'이라고 하는데요, 일루전 마술을 할 때 확실히 많은 분들이 호응해주시는 것 같습니다.

영상 3-1

**송영조** ——— 일루전 마술의 원리에는, 사실 뇌가 세상을 받아들이는 방법에 대한 이해가 자리 잡고 있어요. 본격적으로 이야기하기 전에, 제가 정말 재미있게 봤던 마술(영상 3-2)로 이야기를 시작해보죠.

영상 3-2

**최현우** ——— 유명한 코미디 마술사 레번트Levent의 마술이군요. 제가 이 갈라쇼의 사회도 봤었죠.

**송영조** ——— 이분이 보여준 마술 중에, 카드 뒷면의 무늬를 옷의 무늬와 같게 만들어서 카드를 없앤 마술이 있는데요, 사진 속에서 카드가 어디에 있는지 보이나요? 이처럼 차이를 줄여 모습을 숨기는 것

▸ 코미디 마술사 레번트의 마술 영상 3-2에서 카드가 사라지기 전(위)과 카드가 사라진 후(아래)를 비교해보자.
카드가 어디로 사라졌을까?

어메이징 브레인 쇼

▷ 사진 속에서 위장하고 있는 동물을 찾아보자.

은 자연에서 흔히 찾아볼 수 있는 동물들의 생존 방법이죠. 위의 사
진들에서 숨어 있는 동물들을 찾아보시겠어요?

**최현우** ——— 왼쪽 아래 사진에서 카멜레온을 찾은 거 같아요. 왼쪽
위 사진에서 나무에 붙어 있는 건 뭐죠? 개구리인가요? 나머지 두 개
는 쉽지 않네요.

**송영조** ——— 포식자의 눈을 피해 생존하기 위한 것이니 쉽게 들키도
록 진화하진 않았을 거예요. 정답은 다음 쪽에서 확인해보시죠.

▷ 나방(왼쪽 위), 사마귀(오른쪽 위), 카멜레온(왼쪽 아래), 오리(오른쪽 아래).

**최현우** _____ 오른쪽 아래 사진에는 오리가 있었군요. 나무 쪽에 숨어 있을 거라 생각해서 오히려 보지 못했어요. 그리고 오른쪽 위 사진은 사마귀네요. 왼쪽 위에는 개구리가 아니라 나방이 있었고요. 알고 나니 잘 보이지만, 정말 어렵네요.

**송영조** _____ 동물들의 위장술처럼 주변과의 차이 즉, '대비contrast'를 줄이면 눈에 띄기 힘들어집니다. 인간의 뇌는 시각 자극의 절대적인 값보다 대비에 더 민감하거든요. 이걸 잘 보여주는 대표적인 착시 현상이 하나가 있는데, 다음 사진을 보시죠.

어메이징 브레인 쇼

▷ 이 드레스는 '파란색–검은색'일까, '흰색–금색'일까?

## 그 색은 존재하지 않았다

**최현우** ——— 정말 유명한 사진이에요. 당시 마술사들 사이에서도 이게 파란색과 검은색이냐, 아니면 흰색과 금색이냐. 상당한 설왕설 래가 오갔죠.

**송영조** ——— 과학자들 사이에서도 마찬가지였어요. 과학자 친구들 과 술자리에서 싸우기까지 했다니까요.

**최현우** ——— 영조 씨는 무슨 색으로 보이세요?

**송영조** ——— 흰색과 금색으로 보입니다.

**최현우** ——— 동지를 만난 기분이네요. 이게 파란색과 검은색으로 보인다니, 이해되지 않더라니까요.

**송영조** ——— 2015년에 발표된 연구 결과에 의하면,[1] 이 드레스를 흰색-금색으로 보는 비율은 30퍼센트 정도라고 합니다. 파란색과 검은색으로 보는 비율이 57퍼센트로 더 많았다고 해요.

**최현우** ——— 어떻게 이런 일이 발생하는 거죠?

**송영조** ——— 우리 뇌는 물체의 색을 곧이곧대로 받아들이지 않습니다. 주변 환경과의 색상 대비가 색상을 지각하는 데 큰 영향을 미치죠. 다음 그림을 보면, 이 말이 좀 더 직관적으로 이해될 거예요. 왼쪽 드레스와 오른쪽 드레스를 비교해보세요. 어떤 색깔로 보이나요?

**최현우** ——— 확실하게 왼쪽은 파란색과 검은색, 그리고 오른쪽은 흰색과 노란색으로 보이네요.

어메이징 브레인 쇼

▷ 각 네모 안에 있는 드레스의 색은 정확히 같다. 하지만 우리는 노란색 조명 아래에서는 파란색과 검은색, 파란색 조명 아래에서는 흰색과 노란색으로 인식할 수 있다.

**송영조** _____ 여기서 놀라운 건, 두 네모 안에 있는 드레스의 색깔이 정확히 같다는 겁니다. 두 네모 안의 색상을 연결하는 부분을 보면 이해될 거예요.

**최현우** _____ 정말 그렇군요!

**송영조** _____ 두 드레스의 색은 같지만 주변이 어떤 색인지에 따라 뇌가 이 상황을 다르게 인지한 거죠. 왼쪽의 경우처럼 드레스 주변이 노란색에 가까우면, 우리 뇌는 드레스가 노란색 조명 아래에 있다고 생각하고, 이를 보정해 파란색과 검은색으로 인지되도록 하는 거예요. 반면 드레스 주변이 파란색에 가까우면, 파란색 조명 아래에 드레스가 있다고 생각하고, 이를 보정해 흰색과 노란색으로 인지되도록 하죠.

**최현우 ⎯⎯⎯** 주변 상황에 따라 색을 보정해주는 것이군요.

**송영조 ⎯⎯⎯** 맞습니다. 앞서 나온 드레스 착시도 결국 같은 원리예요. 드레스의 색상을 조명의 조건에 따라 보정하는 거죠.[2] 저와 현우 씨는 암묵적으로 드레스가 그림자 속에서 푸르스름하고 어두운 조명을 받고 있을 거라 생각했기 때문에 비교적 밝고 노란빛을 띠는 흰색과 금색으로 보게 된 거예요. 이와 대조적으로, 파란색과 검은색으로 본 사람들은 흰색 혹은 노란색 조명 속에서 밝다고 생각해 드레스를 파란색과 검은색, 경우에 따라서는 파란색과 갈색으로 보게 되는 겁니다.[3]

**최현우 ⎯⎯⎯** 신기하면서도 혼란스럽네요.

**송영조 ⎯⎯⎯** 더 혼란스러운 걸 보여드릴까요? 다음 그림에서 사과가 무슨 색으로 보이나요?

어메이징 브레인 쇼

▷ 사진 속 바구니 안에 있는 사과는 무슨 색인가?

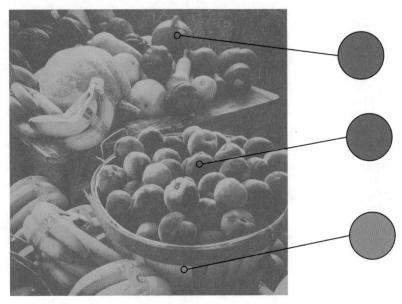

▷ 이 사진에 빨간색은 존재하지 않는다.

**최현우** ———— 당연히 빨간색 아닌가요?

**송영조** ———— 이 사진에 빨간색은 전혀 존재하지 않습니다. 각 부분의 실제 색깔을 표시한 위 그림을 보면, 우리가 빨간색이라고 생각한 부분은 실제로 회색이에요. 우리 뇌가 색을 보정하는 과정에서 이를 빨간색으로 인지한 거죠.

**최현우** ———— 뇌를 속이는 게 이렇게 쉽다니요!

▷ A 타일과 B 타일 중 무엇이 더 어두운 색으로 보이는가?

**송영조** ──── 이 현상을 단순히 뇌의 착각이라고만 생각해서는 안 돼요. 오히려 세상을 더 정확하게 인지하기 위해 뇌가 이런 전략을 사용하기 때문이죠. 위 그림에서는 A와 B가 무슨 색으로 보이세요?

**최현우** ──── A는 좀 어두운 회색인 것 같네요. B는 좀 더 밝은 회색, 혹은 흰색에 가까운 회색으로 보이고요.

**송영조** ──── 여기서 A와 B는 정확히 같은 색입니다. 같은 색이지만 B가 원통의 그림자 아래에 있어서 좀 더 밝게 느껴지죠. 이 두 타일의 색상을 연결해볼게요. 다음 쪽의 그림을 확인해보시죠.

▷ A 타일과 B 타일은 같은 색이다.

**최현우** ——— 같은 색이 맞나요? A에서 B로 갈수록 점점 밝아지는 것 같아요.

**송영조** ——— 주변의 그림자를 손으로 가려보시죠. 어떠세요?

**최현우** ——— 같은 색이라는 것을 확실히 알겠습니다. 그런데 같은 색인 걸 알고 봐도, 다시 손을 떼면 B가 더 밝아 보이네요.

**송영조** ——— 같은 색인데도 B가 밝게 보이는 이유는, 드레스 착시에서처럼 우리 뇌가 색을 보정하기 때문입니다. 그림자 안에서 이 색

어메이징 브레인 쇼

이 보이면 B가 더 밝기 때문일 테죠.

**최현우** ———— 그렇군요.


## 눈보다 눈썹이 중요한 이유

**송영조** ———— 물체가 놓이는 주변 환경은 계속 바뀔 수 있어요. 물체에서 반사되어 나오는 빛도 주변 환경의 광원에 따라 바뀌게 되죠. 우리는 이런 상황에서 물체를 일관되게 인지할 수 있어야 합니다. 예를 들어 여러분은 싱싱한 사과를 먹고 싶을 때 누르스름해진 사과가 아닌 새빨간 사과를 찾으려 할 거예요. 그런데 이렇게 싱싱한 사과가

▷ 어떤 상황에서도 싱싱한 사과를 구분해내기 위해서는 집 안 조명 아래에서 보든, 집 밖 태양 아래에서 보든 사과의 색깔이 동일하게 인지되어야 한다.

집에서 형광등 조명을 받을 때와 밖에서 햇빛을 받을 때 전부 다르게 보인다면 일상생활이 어려워지겠죠. 그러니 앞서 바구니 속 사과 그림에서처럼 빨간색을 보기 힘든 상황에서도, 우리 뇌가 색을 보정해 싱싱한 사과를 구분할 수 있게 해주는 겁니다.

주변 환경과의 대비는 실제 물체를 정확히 인지하는 데 더 유용한 정보예요. 색의 전체적인 정보보다는 차이를 집중적으로 처리하는 것이, 뇌가 제한된 계산 용량으로 정보를 처리하는 데 훨씬 효율적일 테니까요. 대비와 관련된 뇌의 정보처리 과정 중 중요한 또 다른 부분은 바로 경계선을 인지하는 과정입니다. 파블로 피카소Pablo Picasso 가 그린 라인 드로잉을 한번 보시죠. 뭐가 보이나요?

**최현우** ——— 사람의 엉덩이요?

**송영조** ——— 참 신기하지 않나요? 단지 4개의 선만이 있을 뿐인데, 우리는 이걸 바탕으로 사람의 신체 일부를 인지하니까요. 라인 드로잉은 물체를 구분하는 경계선을 나타내는데, 이러한 경계선은 색이 주변에 비해 급격히 변하는 상황에서 발생합니다. 즉, 강한 대비가 존재하는 곳에서 말이죠.

**최현우** ——— 강한 대비를 이용해 물체를 알아본다는 말이군요.

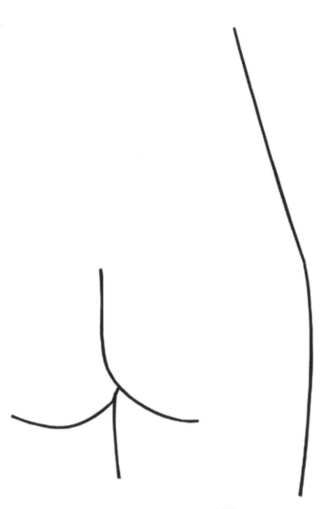

▷ 피카소의 라인 드로잉에서 무엇이 보이는가?

**송영조 ———** 맞습니다. 실제로 물체의 디테일이 담긴 사진을 볼 때와 단순한 라인 드로잉을 볼 때, 뇌의 반응을 비교한 실험이 있어요. 2023년 독일 막스플랑크연구소가 발표한 연구에서는 다음 이미지와 유사한 사진과 라인 드로잉을 사람들에게 보여주면서 자기공명영상MRI 기기로 뇌 반응을 관찰했는데요,[4] 그 결과 단순한 라인 드로잉을 인식할 때의 뇌 신호는 사진을 볼 때 측정된 신호와 매우 유사했습니다.

2011년에 발표된 연구에서는 이러한 라인 드로잉을 보는 뇌 신호로부터 어떤 풍경을 보는지 맞힐 수도 있었다고 해요.[5] 이는 우리 뇌가 물체의 경계선 같은 아주 적은 정보로도 물체를 충분히 인지할 수

▷ 사진과 그에 대응하는 라인 드로잉 이미지를 보여주고 사람들의 뇌 반응을 관찰한 실험의 결과, 단순한 라인 드로잉을 인식할 때의 뇌 신호와 사진을 볼 때 측정된 뇌 신호는 매우 유사했다.

어메이징 브레인 쇼

있고, 물체에 사소한 변화가 일어나더라도 경계선에 대한 정보만 충분하면 물체를 인지할 수 있다는 것을 시사하죠.

**최현우** ——— 경계선이 정말 중요한 정보군요.

**송영조** ——— 심지어 사람 얼굴을 인지할 때도 이러한 정보는 매우 중요해요. 사람의 얼굴을 인식할 때 눈과 눈썹 중에 뭐가 더 중요할까요?

**최현우** ——— 아무래도 눈 아닐까요? 눈매나 눈동자처럼 좀 더 알아볼 수 있는 많은 디테일이 있을 것 같아요.

**송영조** ——— 그럼 유명한 두 분의 얼굴을 보여드리죠. 영상 3-3을 보시면 헤어라인과 눈썹을 가렸는데, 어떤 분의 얼굴인지 맞혀보시겠어요?

영상 3-3

**최현우** ——— 어렵군요. 오른쪽 분은 축구선수 손흥민 씨인 것 같은데, 왼쪽 분은 잘 모르겠어요.

**송영조** ——— 이번에는 눈썹은 남기고 눈을 가린 버전을 보여드릴게요. 영상 3-4를 보시죠.

영상 3-4

**최현우** ——— 앗, 가수 아이유 씨?

**송영조** ——— 맞습니다! 쉽지 않죠?

**최현우** ——— 신기하네요. 눈썹을 보니 좀 더 알 것 같다니.

**송영조** ——— 눈썹처럼 대비가 강한 요소는 누구 얼굴인지 인지하는 데 매우 중요한 요소예요. 실제로 눈썹이 없는 사진과 눈이 없는 사진을 보여주면, 눈썹이 없는 사진을 사람들이 더 잘 알아보지 못했다고 해요.[6]

**최현우** ——— 그렇군요. 앞으로 눈썹 메이크업에 더욱 신경을 써야겠네요.

**송영조** ——— 정리하자면 물체, 심지어 사람을 인지하는 데도 대비가 강한 요소는 매우 중요한 정보로 사용된다는 것을 알 수 있습니다. 따라서 동물의 위장색이나 레번트의 마술에서처럼 주변과의 대비를 줄이면 뇌가 물체를 인지하는 능력은 현저히 떨어질 수밖에 없죠.

어메이징 브레인 쇼

# 차이를 줄이는 마술사의 전략

**최현우** ——— 좋은 예시가 될 것 같은 마술 장르가 생각나는군요. 색의 대비를 줄여 마법을 만들어내는 마술 장르가 있습니다. 저희는 보통 '블랙아트black art'라고 부르는데요, 백문이 불여일견! 영상 3-5를 보고 오시죠.

영상 3-5

**송영조** ——— 정말 신기하네요. 허공에서 물체가 나타나고 사라지는 것 같아요.

**최현우** ——— 검은 배경과 검은 물체 혹은 검은 천을 이용해 물체를 가리면 효과적으로 무대에서 사라지게 만들 수 있죠.

**송영조** ——— 모두 대비를 줄이는 거네요. 대비의 중요성은 이렇게 정적인 이미지에만 국한되지 않습니다. 시간의 흐름에 따라 변하는 상황에서도 마찬가지인데, 영상 3-6을 확인해보시죠.

영상 3-6

**최현우** ——— 이렇게나 많이 바뀌었다고요?

**송영조** ——— 다음의 두 그림에서 변하기 전과 후가 어떻게 다른지

▷ 천천히 변하는 영상 3-6 속 변하기 전(위)과 후(아래)를 비교해보자.

어메이징 브레인 쇼

확인해보시죠.

**최현우** ——— 신기하네요. 분명 무언가 변하고 있다는 것은 인지했는데, 정확히 뭐가 바뀌었는지는 알 수가 없었어요.

**송영조** ——— 이렇게 시간적인 대비를 줄이는 것으로도 물체의 변화를 인지하지 못하게 만들 수 있죠. 이러한 대비는 시각 정보의 처리뿐 아니라 집중력, 기억력, 의사 결정 등과 관련된 심리적 요소에 영향을 줍니다. 대비가 집중력에 영향을 준다는 것은 1막에서 보여드린 운전하는 펭귄 그림(38쪽 참조)에서도 확인할 수 있고요. 강한 색채 대비가 있는 가운데 사람이 우리 시선을 확 사로잡았죠.

중요한 건, 대비의 성질을 이용하는 것은 효율적인 정보처리를 위한 뇌의 전반적 전략으로 보인다는 점입니다. 이를 이용하면 마술사는 관객에게 숨기고 싶은 것은 숨기고, 보여주고 싶은 것만 보도록 만들 수 있죠. 숨기고 싶은 것은 주변과의 대비를 줄이고, 보여주고 싶은 것은 대비를 높여서요.

**최현우** ——— 그렇습니다. 마술사는 관객이 알아채지 말아야 할 부분은 최대한 자연스럽게 넘어가도록 만들고, 관객이 봐야 할 부분은 순간적인 변화나 움직임 혹은 말의 변화를 이용해 집중하도록 만들죠. 이를 위해서 말할 때 단어 하나하나에도 신경을 쓰죠. 마술사의 말이 흐름 속에서 자연스럽지 않고 대비되는 순간, 관객은 의심하게 되거든요.

예를 들어 마술사의 흔한 실수 중 하나는 카드를 꺼내며 "제가 일반 카드를 가지고 나왔는데요"라고 이야기하는 거예요. 그 순간 관객은 '특수한 카드가 있나?' 하고 생각하기 마련입니다. 단어 하나하나가 관객의 무의식에 영향을 끼치기에 마술사는 사전에 대본 작업을 통해 그러한 위화감을 걷어내려 하죠.

**송영조** _____ 그럴 수 있겠네요. 마술사가 아닌 일반인은 오히려 '일반 카드'라는 표현을 사용하지 않죠. 그들에게 당연히 카드는 트릭이 없는 일반적인 카드니까요. 오히려 비일상적인 용어를 사용해서 그 부분이 기억에 남으면, 트릭 있는 카드가 존재한다는 인상을 남길 수도 있겠군요.

**최현우** _____ 말뿐만 아니라 동작도 연속성이 있어야 합니다. 예를 들면 카드를 한국 관객에게 주고 섞으라고 하면 마술사가 아닌 이상 대부분 화투를 섞는 방식으로 카드를 섞습니다. 그런데 카드를 돌려받은 마술사가 정말 화려하게 카드를 섞는다면, 관객은 박수를 보낼지는 몰라도 마술이 신기하다는 느낌은 덜 받게 되죠. 마술 용어로 '플러리시flourish'라고 불리는 화려한 기술들이 자꾸 개입되면, 마술이 끝난 후 관객은 손기술로 무언가를 했다고 생각할 수밖에 없어요.

어메이징 브레인 쇼

▷ 카드를 현란하게 섞어 대비를 일으키는 플러시 기술은 관객을 집중시킬 수도 있지만, 트릭이 일어났던 순간으로 기억되어 마술을 덜 신기하게 만들 수도 있다.

심지어 저는 해외 방송을 할 때마다 항상 그 나라 관객이 어떻게 카드를 섞는지 먼저 확인합니다. 나라마다 문화마다 섞는 방식이 다르기 때문에 최대한 평범하게 느껴지도록 만들기 위해서죠.

**송영조** ———— 정말 중요한 부분입니다. 현란하게 카드를 섞거나 그 나라에서 잘 사용하지 않는 방법으로 카드를 섞으면, 평범하게 카드를 다루는 행동과 강한 대비를 이룰 거예요. 그럴수록 관객의 뇌리에 깊게 박히겠죠. 즉, '마술사가 섞는 순간 카드는 조작됐다'라는 생각이 강하게 남을 가능성이 높아질 텐데, 그러면 마술 현상은 설명 불가능한 신비로운 현상이 아니라, 마술사가 섞는 순간 무언가가 진행된 의심스러운 현상이라고 여길 가능성이 높겠네요.

**최현우** _____ 맞습니다. 하지만 평범하게 카드를 섞으면, 관객은 카드를 섞었는지조차 기억하지 못할 수도 있죠. 이 부분은 기억을 다루는 다음 막에서 살펴보도록 할게요. 이처럼 하나의 성공적인 마술을 수행하기 위해서는 정말 사소한 것 하나하나까지 신경 써야 해요.


## 몸은 '잘리지' 않는다

**송영조** _____ 대비의 원리는 마술 곳곳에 사용되고 있는 것 같네요. 그런데 현우 씨, 이쯤에서 신체분리 마술의 비밀을 공개해주실 수 있나요?

**최현우** _____ 마술과 뇌과학에 얽힌 비밀을 밝히기 위해서는 이야기해드리고 싶지만, 마술의 비밀이 많이 알려지는 게 걱정되기도 하네요.

**송영조** _____ 오늘만큼은 마술과 뇌과학의 발전을 위해서 한번 공개해보시는 것 어떠신가요?

**최현우** ——— 좋습니다. 신체가 분리되는 마술에는 여러 시각적 착시를 유도하는 방법들이 동원돼요. 물론 이 방법도 수백 가지라서, 지금 설명드리는 것은 그중 하나라는 것만 기억해주세요. 3단 분리 마술을 살펴보도록 하죠.

먼저, 사람이 들어갈 수 없어 보이는 공간에 어떻게 하면 사람이 들어가게 할 수 있을지에 대한 고민이 있었어요. 일단 신체분리 대상자는 다음의 사진에서처럼 오른쪽에 몸을 붙인 채로 상자 안에 있습

▷ 신체분리 마술 도구에서 대상자는 상자 왼쪽 검은색 부분을 통해 들어가 있다. 따라서 상자의 중간 부분을 밀어도 대상자의 몸은 '잘리지' 않는다.[7]

니다. 그리고 상자의 겉면에서 시각 착시를 유도해 사람이 들어갈 수 없는 것처럼 보이게 만들죠. 사진 속에서 상자 가운데 검은색 부분이 상자의 빨강-형광 부분과 대비되어 상자 안 공간은 빨강-형광 부분만이 전부라고 인식되는 겁니다. 하지만 검은색 부분은 실제 사람이 충분히 들어갈 수 있는 상자 안 공간의 일부예요. 그런데도 검은색 부분과 빨강-형광 부분의 대비로 인해 빨강-형광 부분만이 상자 내부 공간의 전부처럼 느껴지는 거죠. 그래서 검은색 부분에 사람이 머무를 수 없는 것처럼 보이는 거예요.

신체분리 대상자의 몸은 검은색 부분 뒤에 있기 때문에, 상자의 중간 부분을 밀어도 대상자의 몸은 '잘리지' 않습니다. 중간 부분을 한쪽으로 끝까지 밀어도 검은색 부분을 넘어가지 않는 거죠. 그러니 대상자는 상자 왼쪽 부분에 안전하게 있는 거예요.

**송영조** ───── 대비의 원리를 아주 효과적으로 이용하고 있네요. 다시 봐도, 저 검은색 공간에는 절대 사람이 있을 수 없을 것 같거든요.

**최현우** ───── 사람이 정면에 섰을 때와 옆으로 섰을 때의 차이를 이용하기도 합니다. 무대에서는 최대한 정면으로 서서 사람이 커 보이도록 하는데, 어떠한 공간에 숨는 게 불가능할 거라고 무의식적으로 생각하게 하는 거죠. 하지만 실제로는 정해진 공간에 숨거나 들어갈 때 최대한 몸을 접어서 들어가요. 관객은 몸을 접어서 어느 공간에

어메이징 브레인 쇼

▸ 무대에서는 항상 정면으로 서고 팔다리를 최대한 뻗어 몸이 크게 보이도록 대비 효과를 만든다. 이로 인해 관객은 무대 위 사람이 어떤 공간에 숨는 게 불가능할 것이라고 착각하게 된다.[8]

들어가는 경험을 해본 적이 거의 없기 때문에, 저렇게 작은 공간에 사람이 들어갈 수 있다고 쉽게 생각하기가 어렵죠. 이처럼 마술사는 색의 적절한 대비를 이용해서 보여주고 싶은 것만 보여줄 수 있고, 이는 관객에게 말도 안 되는 마법적인 경험을 만들어주는 데 아주 중요한 역할을 해요.

**송영조** ＿＿＿＿  마술사는 뇌과학자가 설명하는 과학적 지식을 실제로 응용하는 공학자 같군요. 이러한 뇌과학적 원리들이 성공적으로 작동해 사람들에게 환상을 심어줄 수 있었던 것은, 그 위에 마술사의 쇼맨십과 퍼포먼스 능력이 더해졌기 때문일 거예요.

4막

# 기억

마술사는 우리의 기억을
창조한다

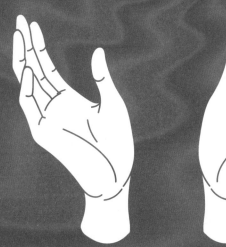

"아무리 본인의 기억에 확신이 있고, 순간의 감정 같은
디테일이 모두 기억난다 해도, 진짜 일어났던 일이라는
뜻은 아닙니다. 거짓 기억도 같은 특징이 있거든요."

엘리자베스 로프터스Elizabeth Loftus(인지심리학자)

**송영조** ——— 제 생각에 마술사가 사용하는 가장 흥미로운 심리적 기법 중 하나는 바로 관객의 기억을 조작하는 거예요. 먼저 문장 하나를 보여드릴 텐데, 잘 기억해주세요. 실험을 위한 것이니 따로 적어놓거나 틈틈이 돌아와 다시 읽지는 마시고요.

**최현우** ——— 한 문장 정도야 쉽게 외울 수 있죠.

**송영조** ——— 그럼 문장을 보여드리겠습니다. 간단한 문장이지만, 이번 막이 끝나면 이 문장에 대한 여러분의 기억은 완전히 조작될 겁니다.

> 초록 수염을 가진 남자가
> 작은 돌을
> 창문에 집어던졌다.

**최현우** ——— 이 정도는 너무 쉬운데요? 말씀하셨듯이 마술사는 다양한 방법으로 관객의 기억을 조작합니다. 저 또한 공연에서 관객의 기억을 조작하는 형태의 마술을 하곤 하는데, 암시를 비롯한 여러 마술적 테크닉을 이용해요. 다만 이는 시연이 까다로운 마술이라 매우 제한적인 상황에서만 성공할 수 있죠. 하지만 확실한 건 다양한 테크닉을 조합하면 관객의 기억에 영향을 줄 수 있다는 점입니다.

▷ 기억을 조작하는 마술은 시연하기가 매우 까다롭지만, 암시 등 다양한 테크닉을 조합하면 관객의 기억에 영향을 줄 수 있다.

# 원본 없는 패러디

**송영조** ——— 기억은 흥미로운 성질들을 지녔죠. 그중 하나는 우리 기억이 쉽게 조작된다는 점입니다. 몇 년 전 엄청난 인기를 끌었던 드라마 〈SKY캐슬〉의 다음 장면을 보고 떠오르는 대사가 있나요?

**최현우** ——— 물론이죠. "전적으로 저를 믿으셔야 합니다!" 드라마의 트레이드마크였잖아요.

**송영조** ——— 대부분 거의 비슷한 대사를 떠올리셨을 것 같아요. 하지만 이 드라마에서 김서형 배우는 그 대사를 한 적이 없답니다.

어메이징 브레인 쇼

▷ JTBC 드라마 〈SKY캐슬〉의 이 장면을 보고 떠오르는 대사가 있는가?

**최현우** ——— 전 국민이 저 대사를 따라 하고, 수많은 패러디가 쏟아졌는데요?

**송영조** ——— 실제 대사는 "어머니, 저를 믿으셔야 합니다. … 예서의 성적은 전적으로 저한테 맡기시고"였어요. '믿어야 한다'와 '전적으로'라는 말은 서로 떨어져 있죠.

**최현우** ——— 설명을 들어도 믿을 수가 없네요. 전 국민이 단체로 최면을 당한 것도 아니고 어떻게 이럴 수 있죠?

**송영조** ——— 이는 굉장히 흔한 현상입니다. 또 다른 예시를 들어볼게요. 다들 조인성 배우가 출연한 드라마 〈발리에서 생긴 일〉을 아시죠? 이 드라마를 모르더라도 아마 조인성 배우의 '주먹 울음' 장면은

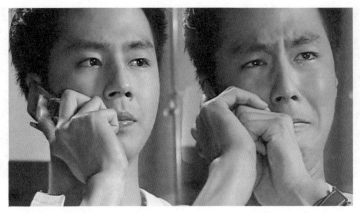

▷ SBS 드라마 〈발리에서 생긴 일〉에서 조인성 배우가 주먹을 입에 넣고 우는 장면은 나오지 않았다.

아실 거예요. 이 장면을 패러디한 배우와 개그맨이 많았죠.

**최현우** —— 그 장면은 너무 유명해서 많은 분이 알 거라 생각해요.

**송영조** —— 하지만 조인성 배우는 그 드라마에서 입에 주먹을 넣은 적이 없습니다.

**최현우** —— 아니, 저도 주먹 울음 장면을 본 것 같은데요?

**송영조** —— 그럼 마지막으로, 배우 이경영 씨를 보면 어떤 대사가 떠오르나요?

**최현우** ─── "진행시켜!" 이것도 수많은 패러디가 있었죠. 인터넷에서 하나의 밈이 되기도 했고, 심지어 광고도 나왔죠.

**송영조** ─── 이 밈이 활성화된 2018~2021년에 대사의 출처를 묻는 질문들이 인터넷에 올라오곤 했어요. 그런데 재미있는 건 이 대사 역시 이경영 씨는 한 적이 없다는 거죠. 이경영 배우가 이 대사를 처음 사용한 것은, 이미 국민적 밈이 된 이후인 2022년에 방영된 SBS 드라마 〈어게인 마이 라이프〉에서였어요.

**최현우** ─── 여태껏 존재하지 않는 대사를 패러디하고 성대모사했다는 건가요?

▶ 영화 〈더 테러 라이브〉 속 이경영 배우의 이 장면을 보면 어떤 대사가 떠오르는가?

**송영조** —— 이러한 현상들을 만델라 효과The Mandela Effect라고 부르는데, 과거 일어난 사건이나 사실의 세부 사항을 집단적으로 잘못 기억하는 현상을 말합니다. 유명한 인권운동가이자 남아프리카공화국 최초의 흑인 대통령인 넬슨 만델라Nelson Mandela의 이름을 딴 것으로, 그가 실제로는 2013년에 사망했는데도 많은 사람들이 1980년대에 감옥에서 사망했다고 잘못 기억하는 것에서 비롯되었죠. 그래서 2013년 당시 넬슨 만델라의 부고 기사가 났을 때, 많은 사람들이 이미 사망한 줄 알았는데 기사가 나서 놀랐다는 이야기가 많았어요.

**최현우** —— 멀쩡히 살아 있는 분이 사망했다고 단체로 믿었다는 건가요? 어떻게 그런 일이 벌어질 수 있죠?

**송영조** —— 기억은 사건 당시의 정보뿐 아니라, 다른 요소의 영향도 많이 받습니다. 특히 우리가 어떤 기억을 다시 떠올릴 때마다 기억은 재구성되곤 하는데, 이 과정에서 뇌는 세부 사항을 생략하고 단순화하는가 하면, 기억에 공백이 있을 경우 디테일을 새로 창조해 메우는 경향이 있어요. 특히 회상할 때는 그 기억은 굉장히 불안정해져서 회상되는 주변 상황과 맥락에 따라 기억이 쉽게 바뀌곤 하죠.[1] 어떤 기억들은 시간이 지나고 사람들에게 언급되면서 특정 부분에 대한 과장된 기억이 남기도 하고요.

　넬슨 만델라는 옥살이를 할 당시, 결핵을 앓던 점이 방송에서 자주

▶ 인권운동가이자 남아공 최초의 흑인 대통령이었던 넬슨 만델라의 기념 우표. 그는 2013년에 사망했는데도 1980년대 감옥에서 이미 사망한 것으로 오해한 사람들이 많았다.

언급되었고, 만델라의 동지였던 인권운동가들의 장례식 또한 자주 방영되었죠. 심지어 만델라 생전에 이미 그의 인권운동을 기리기 위한 동상이 세워지는 등 여러 요소가 맞물리면서, 그가 이미 사망했다는 기억이 사람들의 머릿속에 심어진 것으로 보입니다.

**최현우** ───── 그런 기사를 계속 접하다 보면 착각하게 될 것 같아요.

**송영조** ───── 김서형 배우가 했다고 알려진 명대사와 조인성 배우가 연기하지 않았던 '주먹 울음' 장면도 마찬가지입니다. 방영 이후 사람들 사이에서 해당 장면에 대한 언급이 조금씩 달라지고, 과장된 패러디가 TV와 인터넷을 통해 퍼지면서 실제 장면에 대한 기억을 바꿔놓았기 때문으로 보여요.

　이경영 배우가 했다고 알려진 대사의 경우, 많은 분들이 2013년에 개봉한 영화 〈더 테러 라이브〉를 그 출처로 기억하는데요, 이 영화에서 이경영 배우는 테러 위협의 상황에서도 출세에 눈이 멀어 사람들의 목숨보다 시청률만 신경 쓰는 방송국장 역할을 맡았죠. 위험을 무릅쓰고 방송을 진행시키는 장면이 많이 나왔고, 저 대사를 하진 않았지만 그랬을 법한 상황이 자주 펼쳐졌어요. 그래서 그 대사를 했다는 착각을 일으킨 것 같습니다.

**최현우** _____ 정말 신기하네요.


## 디테일은 처음부터 없었다

**송영조** _____ 기억은 굉장히 변동적이고 수시로 재구성되기 때문에 왜곡될 수 있고, 오류도 발생하기 쉽죠. 심지어 우리가 어떤 사실을 기억하는 방법도 사실 자체를 저장하는 컴퓨터의 방법과 다릅니다. 다들 스타벅스 카페에서 커피 드셔보신 적 있으시죠? 안 가시는 분도 브랜드 자체는 익숙할 거라 생각합니다. 두 개의 로고 중 진짜 스타벅스 로고를 맞혀보시겠어요?

▷ 실제 스타벅스 로고는 무엇일까?

**최현우** ——— 음, 왼쪽일까요?

**송영조** ——— 정답은 오른쪽입니다.

**최현우** ——— 생각해보니 세이렌 머리 위의 별이 스타벅스랑 연관이 있겠네요.

**송영조** ——— 저도 스타벅스를 자주 이용하지만 처음엔 맞히지 못했어요. 이처럼 빈번하게 보는 것도 우리 뇌는 그 디테일을 다 기억하지 못하죠. 다음의 인스타그램 로고와 아마존 로고도 어느 쪽이 진짜인지 맞혀보시겠어요?

**최현우** ——— 인스타그램 로고는 오른쪽, 아마존 로고는 왼쪽일까요?

▹ 어느 쪽이 진짜 인스타그램 로고일까?

▹ 진짜 아마존 로고는 무엇일까?

**송영조** ——— 진짜 인스타그램 로고는 왼쪽, 진짜 아마존 로고는 오른쪽입니다.

**최현우** ——— 인스타그램 로고 그림은 윗부분이 더 밝았던 것 같은데 착각이었군요. 그리고 아마존 로고는 왠지 왼쪽이 더 균형감이 느껴져 맞는 것 같았는데, 오른쪽이었네요!

**송영조** ——— 이 퀴즈를 통해 알 수 있는 사실은, 우리가 무언가를 기억할 때 디테일이 상당 부분 생략된 채로 기억한다는 것입니다. 많은 경우 우리는 대략의 느낌만 기억한 뒤 회상을 통해 그 디테일을

어메이징 브레인 쇼

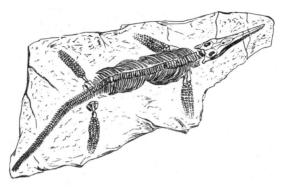

▶ 우리는 무언가를 기억할 때 일부인 뼈대만 저장한 뒤 회상을 통해 디테일을 채워나간다. 이 과정은 돌멩이 안에 있는 화석을 바탕으로 동물의 원형을 복구하는 일과 유사하다.

채워나가죠. 그래서 우리가 기억하는 과정이 화석을 통해 동물의 원형을 복원해나가는 과정과 비슷하다고 말한 분도 있습니다.[2] 기억의 아주 일부인 뼈대만 저장하고, 회상할 때는 그 뼈대를 바탕으로 동물의 원형을 복원하듯 세부 디테일을 그럴싸하게 창조해낸다는 뜻이죠. 그래서 우리는 자주 접하는 스타벅스의 로고도, 캐릭터와 음식 브랜드도 비슷한 그림과 쉽게 착각할 수 있어요.

**최현우** ───── 기억이 왜 계속 변화하고 쉽게 영향을 받는지 이해되는 것 같아요. 저 또한 마술 공연을 하며 기억이 변화하는 사례를 많이 겪은 것 같습니다. 대표적으로 관객은 마술 공연이 끝나면 다른 사람에게 훨씬 더 과장된 이야기로 전달해요. 예를 들면 저는 일련의 과정을 거쳐 헬리콥터를 등장시켰는데도, 관객은 집에 돌아가

▷ 실제 공연에서 헬리콥터가 나타나기까지는 복잡한 과정을 거치는데도 관객들은 이 마술을 다른 사람에게 설명할 때 훨씬 단순화해 전달한다.

"무대에서 최현우가 '짠' 하더니만 헬리콥터가 나타났어!"라고 전달하는 거죠.

**송영조** —— 우리 뇌는 경험한 사건을 그대로 정확하게 저장하지 않습니다. 관객은 헬리콥터가 나타나는 마술을 보더라도, 헬리콥터가 나타나기까지의 과정을 모두 기억하지는 못하죠. 어떤 분들은 헬리콥터가 나타났다는 사실만 기억할 수도 있어요. 이런 기억의 뼈대만으로 공연에서 본 마술을 재구성하면 구체적 과정이 생략되면서 "'짠!'하고 헬리콥터가 나타났다"라고 표현하게 되는 거죠.

어메이징 브레인 쇼

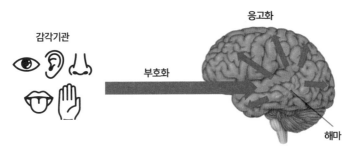

감각기관

응고화

부호화

해마

▷ 기억이 저장되는 세 단계 중 '부호화'에서는 관찰이나 경험으로 얻은 감각 데이터가 뇌가 처리할 수 있는 형태로 변환되고, '응고화'에서는 부호화된 정보가 안정된 기억으로 바뀐다.

**최현우** ——— 역시 뇌과학과 연관이 있었네요.

**송영조** ——— 우리가 어떤 사건의 일화 기억을 저장하는 과정은 부호화encoding, 응고화consolidation, 인출retrieval 이렇게 세 단계로 나눌 수 있는데요. 먼저 '부호화'는 관찰이나 경험으로 얻은 감각 데이터를 뇌가 처리할 수 있는 형태로 변환하는 과정입니다. 이 과정에서 해마hippocampus가 관여하는 것으로 알려져 있죠(감각기관에서 해마로 정보 이동). '응고화'는 부호화된 정보가 더 오래 지속되는 안정된 기억으로 변화하는 과정이에요(해마에서 대뇌*로 정보 이동). 이 단계는 단기 기

● 인간의 중추 신경계에서 최상위 부분이자 가장 크게 발달된 뇌 부위. 좌반구와 우반구로 나뉘어 있으며 사고, 기억, 감정, 의사 결정, 시각적·청각적 처리 등 여러 중요한 인지 기능을 담당한다. 또한 대뇌는 네 가지 '엽'으로 나눌 수 있는데, 각 엽은 뇌의 전체적인 정보처리 과정에서 특정 역할을 맡는다. 인간의 인지 기능은 여러 뇌 부위가 동시에 협력함으로써 작동한다.

억을 장기 기억으로 전환하는 데 특히 중요하고, 수면 중에 특히 활발하게 이루어집니다. 마지막으로 '인출'은 필요할 때 기억에 접근하고 활용하는 회상 능력이고요.

세 단계 중 어느 단계에서든 여러 방법으로 그 과정을 교란시켜 기억을 잊어버리게 만들고, 심지어 바꿀 수도 있습니다.[3] 마술사들은 그 점을 아주 교묘히 이용하죠.

## 망각의 괄호

**최현우 ———** 마술이 성공하려면 결국 관객이 트릭의 진행을 유추할 수 없도록 만들어야 하죠. 그래서 마술사는 여러 심리적 트릭을 사용해요. 가장 유명한 예시는 스페인 마술사 아스카니오스Arturo de Ascanio의 '망각의 괄호'로 알려진 방법인데, 이를 '시간 미스디렉션'이라고 부르는 마술사들도 있습니다. 간단히 말해 트릭이 진행되는 부분과 실제로 관객이 신기해하는 효과가 나타나는 부분을 분리해, 마술을 정확히 유추하지 못하도록 만드는 거예요.

**송영조 ———** 그런 방법이 어떻게 가능한 거죠?

**최현우 ———** 예를 들어 동전을 사라지게 한다고 해보죠. 오른손에 있는 동전을 왼손으로 던져 옮겨 잡은 뒤, 동전이 사라지는 마술이에요. 여기서 트릭을 사용해 동전을 거짓으로 왼손에 놓고(왼손에 놓는 척하지만 실제로는 오른손에 있음), 즉시 왼손이 비어 있음을 보여줍니다. 하지만 이렇게 하면 트릭(거짓으로 동전 옮기기)과 마술 효과(빈손 보여주기) 사이에 시간 지연이 크지 않아, 트릭과 마술 효과가 인과관계에 있는 걸 유추하기 쉬워져요. 즉, 관객은 거짓으로 동전을 옮겨서 왼손이 비어 있을지도 모른다고 생각하기가 쉬워지죠.

하지만 트릭을 행한 뒤 빈손을 드러내기 전에 관객에게 살짝 말을 걸거나 제스처 등 다른 요소를 추가해 시간을 충분히 지연하면, 관객이 트릭과 마술 효과의 인과관계를 파악하지 못하도록 방해할 수 있어요. 영상 4-1로 확인해보시죠.

영상 4-1

**송영조** ——— 트릭이 일어나는 순간과 마술 효과가 드러나는 순간을 시간적으로 분리하는 것은 매우 좋은 전략이라고 생각해요. 일단, 인간의 뇌는 두 사건이 시간적으로 떨어져 있을수록 연관 지으려 하지 않거든요.

더불어 인간의 뇌는 어떤 사건이 발생하면 20분 이내에 그 기억을 절반가량 잊어버린다고 해요. 이는 독일의 심리학자 헤르만 에빙하우스Hermann Ebbinghaus가 19세기 후반에 제시한 이론을 통해 잘 알려져 있는데, 그는 시간이 지나면서 일반적으로 발생하는 망각의 양

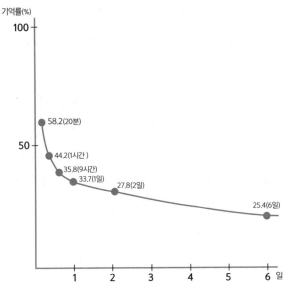

기억률(%)

58.2(20분)
44.2(1시간)
35.8(9시간)
33.7(1일)
27.8(2일)
25.4(6일)

일

▷ 에빙하우스의 망각 곡선은 추가 학습이나 반복 없이 기억을 유지하려 할 때 기억의 손실이 어떻게 발생하는지 보여준다.

을 그래프로 나타낸 이론을 제시했죠. 이 그래프는 추가적인 학습이나 반복 없이 기억을 유지하려 할 때, 시간에 따라 기억의 손실이 어떻게 발생하는지 보여줍니다. 이 그래프에 따르면 학습 직후 20분 이내에 망각률이 41.8퍼센트에 달해 가장 높은 손실이 발생한다고 해요. 망각은 사건이 일어난 직후에 가장 빠르게 일어나는 거죠. 따라서 트릭과 마술 효과 사이에 조금만 시간차를 두어도, 관객은 마술 효과가 나타나는 시점에 어떤 트릭이 진행되었는지 까먹을 확률이 매우 높아질 거예요.

어메이징 브레인 쇼

# 마술사의 기억 조작법

**최현우** _____ 마술사들이 기억을 조작하는 다른 방법으로는, 방금 일어난 상황을 다시 요약하는 방법도 있어요. 예를 들어 카드 마술에서 관객이 카드를 자유롭게 골라주면 마술사가 그 카드를 카드 덱deck*에 넣은 뒤 섞는 척하면서 관객의 카드를 몰래 빼내야 한다고 해보죠. 실제로는 마술사가 카드를 섞는 동안 손기술을 이용해 관객의 카드를 빼낸 후, 관객에게 카드를 섞으라고 하며 잘못된 정보로 이 상황을 요약하는 겁니다. "제가 카드를 건드린 적이 없죠?" 혹은 "카드는 본인이 다 섞었죠?" 같은 문장으로요. 이렇게 상황을 잘못 요약해줌으로써 관객은 마술사가 카드를 만지고 직접 섞었다는 사실을 까먹게 되는 거죠.

**송영조** _____ 말로만 들으면 너무 단순해 통하지 않을 것 같은데요?

**최현우** _____ 영상 4-2를 보고 오시면 이해하기 좀 더 쉬울 겁니다.

영상 4-2

**송영조** _____ 정말 대단하네요. 사실 이렇게 잘못된 정

●   조커와 광고 카드를 제외하고 52장으로 구성된 카드 한 벌.

보를 단순히 제공받는 것만으로, 우리 기억은 쉽게 조작됩니다. 이와 관련해 유명한 실험이 있는데요, 포토샵을 이용해 사진을 조작해서 사람들의 기억을 완전히 바꾸어놓았죠.[4] 이 연구에서는 열기구를 타본 적이 없는 참가자 20명에게 어린 시절의 가상 사건을 나타내는 조작된 사진과 설명을 제시했어요. 다음 사진과 유사하게 참가자들의 어린 시절 사진을 열기구 타는 사진과 합성한 것이죠. 연구진은 세 번의 인터뷰를 통해 참가자들에게 자신이 열기구를 타고 있는 (합성) 사진에 대해 생각하게 하고, 이미지 유도 연습을 통해 그 사건을 상기시키려 했습니다.

참가자들은 첫 번째 인터뷰에서부터 7명가량이 열기구를 탄 경험에 관한 거짓 기억을 보고했고, 세 번째 인터뷰에 이르자 절반가량 (10명)이 거짓 기억을 보고했어요. 즉, 조작된 사진(잘못된 정보)을 제

▷ 열기구를 타본 적 없는 참가자 20명에게 어린 시절의 가상 사건을 나타내는 조작된 사진과 설명을 이와 유사하게 제시했을 때, 절반가량이 완전히 혹은 부분적으로 잘못된 기억을 형성했다.

어메이징 브레인 쇼

공받은 참가자들 중 절반가량이 완전히 혹은 부분적으로 잘못된 기억을 형성한 거죠. 이처럼 아주 단순한 방법으로도 우리 기억은 쉽게 조작되고, 마술사는 기억의 이러한 성질을 이용할 수 있어요. 이렇게 사진을 조작한 경우뿐 아니라, 단순히 과거 사건에 대한 설명을 조작하는 것만으로 잘못된 기억을 심을 수 있다는 사실도 잘 알려져 있고요.[5]

이런 요소를 마술 공연에서 직접적으로 실험한 연구가 있는데요, 참가자들에게 동일한 마술 영상을 보여주고 그 마술을 다르게 요약했을 때 기억이 어떻게 변화하는지 관찰했죠.[6] 참가자들에게 보여준 마술 영상에서 마술사는 관객에게 카드 한 장을 고르게 하고, 기억한 뒤 다시 카드 덱에 넣었어요. 이어 마술사는 카드를 섞은 뒤 관객에게 덱을 나누라고 합니다. 이때 마술사는 지금까지의 과정을 요약해주었는데, 한 영상에서는 "마술사가 관객을 섞었다"고 정확히 요약했고, 다른 영상에서는 "관객이 카드를 섞었다"고 잘못된 정보를 넣었죠. 이후 마술사는 덱에서 관객이 고른 카드를 찾아냈고요.

실험 참가자들은 들었던 요약에 따라 마술에 대한 기억이 달라졌는데, 마술사가 카드 섞기에 대해 잘못된 정보를 제공했을 때 더 많은 참가자들이 관객이 섞었다고 잘못 기억했어요(잘못된 정보를 제공했을 때 17퍼센트가 관객이 섞은 것으로 잘못 기억했고, 정확한 정보를 제공했을 때는 3퍼센트만이 관객이 섞은 것으로 잘못 기억함). 이는 잘못된 정보 제공이 참가자들의 기억에 영향을 미칠 수 있음을 보여주죠.

**최현우** _____ 실제로 과학 실험이 진행되었다니 신기하네요. 마술사가 관객의 기억을 조작하기 위해 사용하는 또 다른 방법이 있습니다. 방금 벌어진 사건에 대한 표현을 미묘하게 바꾸는 방법이죠. 마술에서는 관객이 눈치채지 못하게 마술사가 원하는 선택지로 조종하는 '포스force'라는 기법이 있습니다. 관객은 자유롭게 선택했다고 생각

영상 4-3

하지만, 실제로는 마술사가 원하는 단 하나의 카드를 고르게 되죠. 이 중에 '크로스 컷 카드 포스cross cut card force'라고 불리는, 강력하지만 아주 간단한 카드 마술 기법이 있습니다. 영상 4-3을 통해 크로스 컷 카드 포스 내에서 기억 조작 방법이 어떻게 사용되는지 보고 오시죠.

카드를 자유롭게 나누긴 했지만, 이 과정을 수행하면 다음 사진에서처럼 결국 관객은 기존 카드 덱 맨 위에 있는 카드를 고르게 됩니다. 카드를 보여주는 과정에서 '이 카드' 혹은 '그 카드'가 아닌 '당신의 카드'와 같은 용어를 사용하면, 강제로 선택된 카드를 관객 자신이 선택한 카드로 기억하도록 유도할 수 있어요. 예를 들어 카드를 보여줄 때 "카드를 보세요"라고 말하지 않고 "자, 당신의 카드를 보세요"라고 말하면서 크로스 맨 아래 덱 위의 카드를 가리키거나 보여주면, 자신이 직접 선택했다는 기억을 심어줄 수 있는 거죠.

이때 관객이 카드를 나누는 과정과 마술사가 카드를 보여주는 과정 사이의 시간 간격을 늘려주면, '망각의 괄호'(120쪽 참조)에 의해 관객은 이 카드가 선택된 과정을 유추하기가 더 힘들어져서 자유롭

어메이징 브레인 쇼

▷ '크로스 컷 카드 포스'에서는 ❶ 마술사가 포스할 카드(즉, 관객이 뽑아야 할 카드)는 맨 위에 있고, ❷ 관객이 카드 덱을 자유롭게 둘로 나누면, ❸ 마술사는 그중 아래에 있던 카드 덱을 다른 덱 위에 크로스해서 올려놓는다. 그리고 관객과 조금 말을 나눈 뒤 관객이 뽑아야 할 카드를 꺼내 관객에게 보여준다.

게 선택되었다고 생각할 거예요.

**송영조** ——— 사건을 묘사하는 단어 하나의 변화만으로 그 사건에 대한 기억이 바뀌는 것은 매우 잘 알려진 사실입니다. 엘리자베스 로프터스Elizabeth Loftus의 자동차 사고 실험은 이를 잘 보여주죠.[7] 이 실험에서는 참가자들에게 두 자동차가 부딪히는 영상 4-4를 보여줍니다.

영상 4-4

영상을 본 참가자들은 어떤 상황을 봤는지 설명하면서 자동차가 서로 부딪힐 때 속도가 어느 정도였는지 대답해야 했는데요. 이때 질문자가 자동차가 부딪힌 순간을 어떤 동사로 묘사하며 질문했는지에 따라 자동차의 속도를 다르게 대답했다고 합니다. 예를 들어 "자동차가 서로 충돌했을smashed 때 자동차의 속도는 어느 정도였습니까?", "자동차가 서로 부딪혔을bumped 때 속도는 어느 정도였습니까?", "자동차가 서로 접촉했을 때contacted 속도는 어느 정도였습니까?" 이렇게 나눠 질문한 거죠.

참가자들은 첫 번째 질문, 즉 '충돌'이라는 단어를 사용한 질문에는 가장 높은 속도를 매겨 응답한 반면(평균적으로 시속 65킬로미터), '접촉'이라는 단어를 사용한 질문에는 가장 느린 속도를 매겨 응답했어요(평균적으로 시속 51킬로미터).

**최현우** ——— 마술사가 사용하는 기술들이 과학적으로 검증되어왔군요.

**송영조** ——— 그렇다고 볼 수 있죠. 심지어 이런 질문이 장기적으로는 더 극적인 효과를 가져다줬어요. 로프터스는 추가로 참가자들을 모집해 차 사고 영상을 보여준 뒤,[8] 일부 참가자들에게는 속도를 묻는 질문을 하고, 다른 참가자들에게는 이 질문을 하지 않았습니다. 그리고 일주일 뒤 실험 참가자들을 다시 불러 차 사고 영상에서 어떤 상황이 벌어졌는지 질문을 던졌죠. 그 결과 속도를 묻는 질문을 받은 참가자들이 그렇지 않은 참가자들에 비해, 창문이 깨져서 생긴 유리 조각을 영상에서 봤다고 대답한 비율이 높았어요.

여기서 중요한 건, 실제로 이들이 봤던 차 사고 영상에서는 깨진 조각이 보이지 않았다는 점입니다. 이 실험 결과는 실제 사건이 일어난 후에 무슨 질문을 하고 어떤 단어로 묘사하는지에 따라 사람들의

어메이징 브레인 쇼

▶ 자동차가 부딪힐 당시 속도를 물어보는 질문을 받았던 피험자들은 깨진 유리 조각들을 보았다고 응답한 비율이 더 높았다. 하지만 실제 영상에서 자동차 창문은 깨지지 않았다.

생각을 완전히 바꿀 수 있음을 보여주죠. 따라서 마술사가 카드를 묘사하는 단어들, 그리고 마술 후 던지는 질문들에 따라 관객의 기억은 완전히 바뀔 수 있어요.

**최현우** ——— 마술사의 테크닉을 이렇듯 과학적으로 설명할 수 있다는 게 재미있네요.

**송영조** ——— 이 막의 내용을 다시 정리하자면, 인간의 기억력은 완벽하지 않다는 거예요. 기억의 부호화-응고화-인출 이 모든 단계에서 기억은 방해받을 수 있고 조작될 수 있습니다.

**최현우** —— 기억의 성질이 마술하는 데는 유용하지만, 평소 생활할 때는 기억을 과신하지 말아야겠다는 생각이 드네요. 우리 기억은 불완전하니까요.

**송영조** —— 항상 기억을 의심하고, 과신하지 말아야겠죠. 그리고 이 막이 시작될 때 보여드린 문장을 기억하나요? 그 기억을 바탕으로 다음의 빈칸을 채워보시죠.

> ○○○○을 가진 남자가
> 작은 ○○○로
> 창문을 ○○○다.

**최현우** —— "초록 수염을 가진 남자가 작은 돌멩이로 창문을 깨뜨렸다." 아닌가요?

**송영조** —— 거의 정확했지만, 실제 문장은 조금 다릅니다. "초록 수염을 가진 남자가 작은 돌을 창문에 집어던졌다"였죠. 그런데 문장을 다시 보러 가기 전에, 혹시 배경색이 바뀐 걸 눈치채셨나요?

**최현우** —— 배경색도 원래는 초록색이 아니었군요!

**송영조** ────── '초록'이라는 단어만 문장 안에 있었을 뿐이죠. 원래 문장에는 창문을 깨뜨렸다는 단어도 없었어요. 아마 많은 분들이 돌을 집어던졌다는 부분에서 창문이 깨지는 걸 연상하셨을 거예요. 그래서 자연스럽게 '깨뜨렸다'라는 표현이 떠오르셨을 거고요.

**최현우** ────── '돌'이 있어야 할 자리에 세 칸을 비워놓으신 것도 헷갈리게 만든 것 같아요.

**송영조** ────── 맞습니다. 질문이 제시되는 방법에 따라 우리 기억은 쉽게 영향을 받으니까요. 더불어 보통 작은 돌을 돌멩이라고 부른다는 사실도, 우리가 쉽게 착각에 빠지도록 만들었을 겁니다. 그리고 이 막 사이사이에 여러분이 이 문장을 착각하도록 여러 암시 장치도 심어놓았는데, 혹시 눈치채신 분들이 있으셨는지 모르겠네요. 아마 다시 읽어보면 하나하나 찾으실 수 있을 거예요.

5막

# 선택

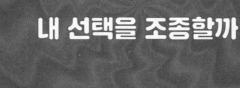

어떻게 마술사는
내 선택을 조종할까

"인간은 원하는 것을 할 수 있지만,
　원하는 것을 원할 수는 없다."

아르투어 쇼펜하우어Arthur Schopenhauer(철학자)

**최현우** ——— 저는 사람의 선택을 어떻게 조종하는지와 관련해 나름대로 정말 오래 연구해왔습니다. 이 주제로만 세 시간은 거뜬히 이야기할 수 있을 정도로요.

**송영조** ——— 저도 여러 마술 기법 중 가장 매료된 심리적 기법이 바로 선택과 관련한 것이었어요. 마술사가 어떻게 인간의 자유의지를 조종하는지는 개인적으로도, 과학적으로도 무척 흥미롭습니다.

**최현우** ——— 본격적인 내용으로 들어가기 전에, 책으로 할 수 있는 간단한 마술로 시작해볼게요.

① 2에서 9까지 숫자 중, 하나만 생각해보세요.

② 생각한 숫자에 9를 곱하세요.

③ 그리고, 그 숫자의 십의 자리와 일의 자리를 더해보세요.
(예: 15 → 1 + 5 = 6)

④ 그 숫자에서 5를 빼보세요.

⑤ 지금 생각하는 숫자에 해당하는 알파벳을 생각해보세요.
(예: 1 = A, 2 = B, 3 = C, …)

⑥ 그 알파벳으로 시작하는 나라를 생각해보세요.

⑦ A면 아르헨티나, B면 브라질, C면 칠레, 이렇게 현존하는 국가명이어야 합니다.

⑧ 생각이 잘 안 나신다면, 음… 유럽이나 축구 잘하는 나라 중에서 생각하시면 더 빨리 생각나실 거예요.

⑨ 아마 제 생각이 맞다면, 여러분이 생각한 나라는 … 덴마크?

어떻습니까? 제가 여러분의 마음을 읽었나요? 사실 이 마술은 수학적 원리를 이용한 간단한 트릭이에요. 한 자리 숫자에 9를 곱해 나오는 두 자리 숫자의 십의 자리와 일의 자리를 더하면 항상 9가 나오는데(예: $2 \times 9 = 18 \rightarrow 1 + 8 = 9, 7 \times 9 = 63 \rightarrow 6 + 3 = 9$), 여기서 5를 빼면 사람들은 4를 생각하게 되고, 알파벳은 네 번째인 D를 생각하게 되죠. 그리고 D로 시작하는 나라 중에서 우리가 생각할 수 있는 나라는 '덴마크Denmark'뿐입니다. 정리하자면, 간단한 수학적 규칙으로 우리는 덴마크를 생각하게 되는 거예요.

물론 D로 시작하는 다른 나라도 존재하긴 하지만, 대체로 생소해서 잘 떠오르지 않습니다. 제가 경험한 바로는 98퍼센트 정도가 '덴마크'를 이야기하고, 2퍼센트는 '도미니카공화국', 그리고 나이가 좀 있으신 분들은 '도이칠란트'('독일'을 뜻하는 독일어)를 말씀하시더라고요. 가끔 '두바이'가 나와서 답답할 때가 있습니다. 두바이는 나라가 아니고 아랍에미리트의 도시거든요.

**송영조** ——— 정말 교묘한 트릭입니다. 9의 배수는 십의 자리와 일의 자리를 더하면 항상 9가 나온다는 사실을 모르면 어떤 숫자를 고르는지에 따라 선택할 나라가 달라질 거라고 생각할 거예요. 하지만 실제로 관객은 마술사가 처음부터 생각했던 선택지만 고르게 되죠.

**최현우** ——— 그렇습니다. 제가 중간에 쓱 말씀드린 것도 기억하실지 모르겠네요. "유럽이나 축구 잘하는 나라"라는 언어적 트릭을 통해 도미니카공화국을 생각하려는 분들을 최대한 차단하고 있었거든요. 이처럼 마술사가 원하는 선택지로 조종하는 기법을 마술사들은 '포스'라고 부르죠. 4막에서 잠깐 설명드렸는데, 기억하시나요? 이 막에서는 마술사가 어떻게 관객의 선택을 조종하는지, 즉 포스에 관한 여러 과학적 내용을 다뤄보려 해요.


## 내가 고른 것이라는 착각


**송영조** ——— '선택choice' 혹은 '의사 결정decision making'이라 부르는 뇌의 인지적 과정은, 여러 가능한 대안 중에 하나를 선택하는 과정을 말합니다. '포스'라는 기법에서는 매우 독특한 상황이 만들어지는데요, 관객은 여러 선택지가 존재한다고 생각하지만, 실제로는 마술사가 만들어낸 하나 혹은 몇 가지 선택지 내에서만 선택하도록 짜여 있죠.

이 트릭은 마술사가 강요한 선택을 어떻게 관객 본인의 선택이라고 믿게 만드는지가 관건이에요. 자신의 의지로 행동과 선택을 통제할 수 있다고 느끼는 주관적 자각을 '주체감sense of agency'이라고 하는데요,[1] 마술사들의 '포스'는 관객에게 선택지를 강제하는 동시에 관객의 주체감을 컨트롤하는 방법으로 요약할 수 있죠. 그런데 마술사는 어떻게 이걸 가능하게 만드나요?

영상 5-1

**최현우** ——— 여러분이 흥미로워할 만한 몇 가지를 소개해보도록 하죠. 먼저 마술을 하나 보여드릴게요(영상 5-1). 어떤가요? 선택이 잘 포스되었나요? '리플포스riffle force'라는 유명한 포스 방법 중의 하나죠.

**송영조** ——— 사실 원리는 간단합니다. 영상을 다시 돌려보면 알 수 있듯이, 카드가 빠르게 넘어가는 가운데 가장 눈에 띄는 것은 포스하려는 카드뿐입니다. 좀 더 자세히 보면, 포스하려는 카드는 여러 장이 연속으로 존재해 더 오래 보인다는 것을 알 수 있죠. 다른 카드들은 너무 빨리 지나가 알아보기도 어렵구요. 하지만 모든 카드가 동일한 속도로 넘어간다고 믿는 관객은, 유난히 오래 보이는 저 카드가 본인 눈에 띈 것이 '우연'이라고 생각하게 돼요. 이 우연은 마술사가 통제할 수 없는 요인이라 생각하기 때문에, 다른 카드가 눈에 띄었을 가능성도 충분히 있었을 거라 생각하게 되고, 따라서 관객은 자유로운 선택이라 여기게 되죠.

어메이징 브레인 쇼

실제로 제이 올슨Jay Olson을 필두로 한 과학자들이 이 포스를 이용해 실험을 진행했는데요.[2] 놀랍게도 참가자의 98퍼센트는 마술사가 포스하려는 카드를 선택했고, 대부분의 참가자들이 자신의 선택이 완전히 자유로웠다고 느꼈으며, 본인의 선택이 강제되었다는 사실을 전혀 인지하지 못했어요. 이 포스 방법이 굉장히 효과적이라는 것을 보여주죠.

**최현우** ——— 영국의 심리 마술사 데런 브라운Derren Brown이 고안한 카드 포스 방법도 마술사들 사이에서 많은 흥미를 끌었습니다. 영상 5-2를 한번 보고 오시죠.

영상 5-2

**송영조** ——— '프라이밍priming'을 이용한 카드 포스 방법이군요. 프라이밍 효과는 하나의 자극에 노출되면 의식적 안내나 의도 없이도 후속 자극에 대한 반응에 영향을 받는 심리적 현상이에요. 첫 번째 자극이 기억의 특정 연상을 활성화해, 뒤따르는 관련 자극에 뇌가 더 쉽고 빠르게 반응할 수 있도록 하면서 발생하죠. 이 포스는 마술사가 말과 제스처를 이용해 프라이밍한 지식이 선택에 효과적으로 영향을 미친다는 것을 보여줍니다.

실제 효과가 있는지 과학적으로 실험한 결과가 있는데요, 이 방법으로 사람들이 해당 카드를 생각하게 만드는 비율을 18퍼센트까지 끌어올릴 수 있었다고 해요.[3]

▷ 사진 속 카드 다섯 장 중에서 자유롭게 한 장을 생각해보자. 7클로버만 검은색이라는 점, A 카드가 가운데 놓여 있는 점은 신경 쓰지 말자.

**최현우** —— 흥미로운 방법이 또 있습니다. 바로 저명한 마술사 다이 버논Dai Vernon의 심리적 카드 포스 방법인데요. 위 사진 속 카드 다섯 장 중에서 자유롭게 한 장을 생각해주시면 됩니다. 물론 이 중에서 7클로버 카드만 검은색이고, A 카드가 가운데 놓여 있는 점이 신경 쓰일 수 있는데, 그런 것과 상관없이 자유롭게 선택해주세요.

**송영조** —— 생각했습니다.

**최현우** —— 한번 맞혀보겠습니다. 혹시 4하트 카드인가요?

**송영조** —— 맞습니다! 정말 신기하네요.

**최현우** —— 사실 여기에는 여러 심리적 트릭이 들어가 있습니다. 그중 하나는 '역심리학reverse psychology'이라는 방법인데요, 관객이 생각할 법한 카드를 일부러 미리 언급함으로써(예: 7클로버, A다이아몬드) 그 카드를 관객이 생각하지 않도록 하는 거예요. 관객이 마술사를 속이려고 충분히 시도하는 상황이라면(어떻게든 마술사의 수에 넘어가지 않으려고 노력하는 경우), 관객은 가장 덜 언급되고 특징이 적은 4하트로 유도되죠.

**송영조 ——** 관객보다 한 수 앞을 내다보는 마술사의 심리전을 보는 것 같네요. 이 또한 실험으로 실제 효과를 테스트했는데요,[4] 다섯 장의 카드를 제시했을 때 4하트(33.9퍼센트)가 가장 자주 선택되었고, 9다이아몬드(25.4퍼센트)가 그 뒤를 이었습니다. 그러나 역심리학이 사용되지 않았을 때는 A다이아몬드(35.7퍼센트)가 제일 많이 선호되었어요. 마술사들이 사용하는 역심리학이 상당한 효과가 있다는 거죠.

**최현우 ——** 더 나아가 마술사는 여러 통계적 측면도 많이 사용합

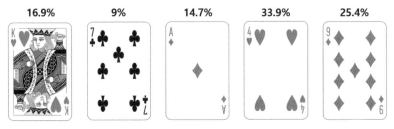

| 16.9% | 9% | 14.7% | 33.9% | 25.4% |

▷ 다이 버논의 카드 포스 실험 결과, 역심리학 방법을 사용했을 때 4하트가 가장 자주 선택되었고, 사용하지 않았을 때는 A다이아몬드가 제일 많이 선호되었다.

니다. 예를 들어 오른손잡이의 경우, 동일한 선택지 4개가 있을 때 보통은 가장 오른쪽의 아이템을 고를 확률이 높아요. 선택지가 서로 다를 때는 가운데 있거나 손에 쉽게 닿는 아이템을 고를 확률이 높고요.[5]

**송영조** —— 충분히 그럴 수 있겠네요. 우리 뇌는 선택하기 쉬운 것을 고를 확률이 더 높으니까요.

**최현우** —— 이뿐만이 아닙니다. 채소를 떠올리라고 하면 보통 오이나 당근을, 카드 색깔을 하나 골라달라고 하면 빨간색을, 카드 무늬를 생각해보라고 하면 하트를 자주 떠올린다는 걸 이용하기도 하죠.

**송영조** —— 마술사들도 통계를 사용하는군요. 하지만 통계를 이용한 포스는 실패할 수도 있지 않나요?

**최현우** —— 좋은 지적입니다. 실패할 경우에는 적절한 순간에 손기술을 사용해서 원하는 카드로 바꿔치기할 수도 있죠. 하지만 이것보다 마술사들이 많이 사용하는, 선택을 100퍼센트 강제하는 두 가지 방법이 있어요. 먼저, 4막에서 본 '크로스 컷 카드 포스'를 기억하시나요? 이 포스는 명백히 100퍼센트 확률로 최종 결과가 마술사가 원하는 카드로 귀결되죠.

어메이징 브레인 쇼

참 신기한 건, 이렇게 간단한 포스가 실제 상황에서 매우 효과적이라는 거예요. 4막에서 잘 설명해주셨듯이 관객은 카드가 어떻게 나뉘고 쌓아올려지는지 기억하지 못해서, 본인이 고른 카드가 원래 카드 덱의 맨 위에 있던 카드라는 걸 인지하지 못하죠.

**송영조** ——— '크로스 컷 카드 포스'는 선택에 관한 주체감을 형성하는 데 기억이 얼마나 중요한지 보여주는 사례 같아요. 과학자들이 실험한 결과를 보면, 크로스 컷 카드 포스가 얼마나 강력한지 알 수 있죠. 과학자들은 참가자들을 모아 여러 방법으로 크로스 컷 카드 포스를 시연했는데,[6] 약 93퍼센트의 참가자들이 포스를 눈치채지 못했다고 합니다.

이 포스를 수행할 때, 마술사들은 보통 어느 카드가 맨 위의 카드였는지를 관객이 잊어버리도록 유도해요. 중간에 말을 걸어 주의를 분산시키거나, 카드를 나누는 순간과 카드를 보여주는 순간 사이에 시간차를 만드는 거죠. 재미있는 점은 그렇게 주의를 분산시키거나 시간차를 만들지 않아도, 카드를 나누어 크로스해서 올려놓는 것만으로 포스의 효과는 충분했다는 겁니다.

**최현우** ——— 흥미롭네요.

**송영조** ——— 그뿐만이 아닙니다. 결국 이 포스는 카드를 크로스하

▷ 카드를 크로스 하지 않고 단순히 나눈 뒤, 관객에게 기존 카드 덱의 맨 위 카드를 주는 것만으로도 포스의 효과가 나타났다.

는 과정을 통해 카드가 맨 위에서 나왔는지 중간에서 나왔는지 쉽게 유추하지 못하도록 만드는 게 핵심일 텐데요. 놀라운 점은 카드를 크로스 하지 않고, 단순히 카드 덱을 나눈 뒤 맨 위의 카드를 관객에게 보여줄 때도 포스의 효과는 나타났다는 거예요. 이때도 70퍼센트의 참가자는 포스를 눈치채지 못했죠.

**최현우** ——— 당연해 보이는 상황에서도 포스는 효과가 있군요!

**송영조** ——— 인간은 본인의 선택이 만들어지기까지의 인과 과정을 잘 인지하지 못한다는 것을 보여주는 좋은 사례라고 할 수 있죠. 이제 다른 방법도 궁금해지네요. 선택을 100퍼센트 강제하는 또 다른 방법은 무엇인가요?

**최현우** ——— 다른 하나는 '이퀴보크équivoque' 혹은 '마술사의 선택

어메이징 브레인 쇼

magician's choice'이라고 부르는 기술입니다. '이퀴보크'는 프랑스어로 '모호한 말'이라는 뜻인데요, 마술사가 모호한 언어를 이용해 관객의 선택을 유도하는 거죠. 마술사의 말이 계속 다양하게 해석될 수 있는 상황에서, 관객이 무엇을 선택하든 마술사는 의도한 결과를 이끌어내기 위해 이전의 말에 대한 해석을 원하는 방향으로 이끌어나갑니다.

예를 들어 마술사에게 A와 B 두 장의 카드가 있고, 관객이 카드 A를 선택하길 원한다고 가정해볼게요. 관객이 처음에 카드 A를 선택하면 마술사는 "당신이 선택한 카드를 사용하겠습니다"라고 말하고, 관객이 카드 B를 고르면 "관객이 선택한 카드를 버리고 다른 카드를 사용하겠습니다"라고 말하죠. 이렇게 하면 어느 쪽이든 카드 A가 선택됩니다.

**송영조** ——— 선택지는 하나로 정해져 있지만, 모호한 말로 관객의 주체감을 조종하는 것이군요.

**최현우** ——— 이퀴보크는 이렇게 단순한 두 선택지에만 국한되지 않아요. 더 많은 선택지에 대해서도 사용될 수 있죠. 영상 5-3에서 마술사 료의 이퀴보크 마술을 한번 확인해보세요.

영상 5-3

**송영조** ——— 이렇게 많은 선택지도 가능하군요. 해법을 알고 봐도,

진행 방식이 계속 달라지니 흥미진진하네요.

영상 5-4

**최현우** _____ 여기서 중요한 건, 마술사의 입맛에 따라 시나리오가 계속 바뀌고 있다는 사실을 관객이 눈치채 게 만들면 안 된다는 거예요. 그게 이 기법의 핵심이니 까요. 영상 5-4에서 제가 한 것처럼 책을 이용한 마술 로도 응용할 수 있죠.

## 선택이 근거를 만든다

**송영조** _____ 이퀴보크는 정말 강력한 기술이네요. 이퀴보크와 관련 해 과학자들이 직접 실험한 연구가 있는 것도 아시나요? 과학자들은 참가자들을 모집해 마술을 진행하듯 카드 8장을 보여주고, 이퀴보크 를 이용해 하나의 카드로 선택을 강제했습니다.[7] 그 결과, 행동의 일 관성은 이퀴보크 포스의 성공에 영향을 미치지 않았어요. 마술 진행 내내 카드를 버렸는지(일관성 조건), 혹은 관객이 고른 카드를 남기다 가 버리다가 했는지(비일관성 조건)는 중요하지 않았다는 거죠. 마술 이 진행되는 과정에서 행동과 말이 명백히 바뀌었는데도 참가자들은 마지막 남은 카드에 대해 높은 수준의 주체감을 느낀 거예요.

일부 마술사들은 라운드마다 같은 유형의 질문이나 제거 절차를

반복하지 않는 게 일관성 유지에 중요하다고 강조하지만, 이 실험을
수행한 과학자들은 그건 중요하지 않다고 주장하죠.

실험 결과로 미루어보면, 이퀴보크 포스는 이퀴보크의 해석을 일
관되게 느끼도록 만들려는 마술사의 여러 심리적 트릭들보다는, 모
호한 상황에 무뎌지는 '모호맹ambiguity blindness'에 많이 기반하는 것으
로 여겨집니다.[8]

**최현우** _____ 마술사들이 일화적으로 경험한 지식들이 실제 과학에
서는 다르게 밝혀지는 경우도 있군요.

**송영조** _____ 이러한 이퀴보크와, 어쩌면 마술사가 사용하는 포스
기법 전체의 핵심일 수도 있는 뇌과학적 현상이 하나 있는데요, 다음
사진 속 남성 두 분 중에 더 호감이 느껴지는 분을 골라주시겠어요?

▷ 둘 중 더 호감이 느껴지는 사진을 골라보자.

| | | | | | | | |
|---|---|---|---|---|---|---|---|
| 종이 | 종이 | 종이 | 종이 | 종이 | 종이 | 종이 | 종이 |
| 종이 | 종이 | 종이 | 종이 | 종이 | 종이 | 종이 | 종이 |
| 종이 | 종지 | 종이 | 종이 | 종이 | 종이 | 종이 | 종이 |
| 종이 | 종이 | 종이 | 종이 | 종이 | 종이 | 종이 | 종이 |
| 종이 | 종이 | 종이 | 종이 | 종이 | 종이 | 종이 | 종이 |
| 종이 | 종이 | 종이 | 종이 | 종이 | 종이 | 종이 | 종이 |

▷ 이 중에서 다른 글자를 찾아보자.

▷ 1번

▷ 2번

그럼 위 그림에서 다른 글자 하나도 찾아보시죠. 1막에서 나온 '변화맹'과 연관이 있습니다(29쪽 참조). 다들 금방 찾으실 거라 생각해요. 정답은 다음 쪽에서 확인해보시죠.

그럼 여기서 질문 하나 드릴게요. 방금 두 남성 분의 사진 중 하나를 고르라 했을 때, 1번 남성 분을 고르신 분 계신가요? 절반 정도는 아마 이분을 고르셨을 거예요. 그렇다면 혹시 2번 남성 분을 고르신 분도 계실까요?

**최현우** ——— 저는 2번 분을 골랐습니다.

어메이징 브레인 쇼

**송영조** ——— 왜 이분을 고르셨을까요?

**최현우** ——— 뭔가 전체적인 인상이 제 눈에 더 들어왔던 것 같습니다.

**송영조** ——— 그렇군요. 놀라운 사실을 알려드릴까요? 현우 씨는 저 남성 분을 고른 적이 없습니다. 처음에 보여드렸던 사진을 한번 확인해보시겠어요?

**최현우** ——— 아니 그럴 리가… 정말 그렇네요!

**송영조** ——— 선택지가 바뀐 걸 알아채지 못했어도 이상하게 생각

| 종이 | 종이 | 종이 | 종이 | 종이 | 종이 | 종이 | 종이 |
|------|------|------|------|------|------|------|------|
| 종이 | 종이 | 종이 | 종이 | 종이 | 종이 | 종이 | 종이 |
| 종이 | (종지) | 종이 | 종이 | 종이 | 종이 | 종이 | 종이 |
| 종이 | 종이 | 종이 | 종이 | 종이 | 종이 | 종이 | 종이 |
| 종이 | 종이 | 종이 | 종이 | 종이 | 종이 | 종이 | 종이 |
| 종이 | 종이 | 종이 | 종이 | 종이 | 종이 | 종이 | 종이 |

▷ 다른 글자 찾기 정답

하실 필요는 없습니다. 본인이 선택한 직후에 그 선택을 기억하지 못하는 현상을 '선택맹choice blindncess'이라고 하는데, 많은 사람들에게서 반복적으로 관찰되거든요. 이 현상은 2005년《사이언스》에 발표된 이후[9] 여러 방식으로 재현되어 왔어요.

**최현우** ——— 사람은 이렇게 한계가 많은 존재군요.

영상 5-5

**송영조** ——— 좀 더 극단적인 상황에서는 어떨까요? 제가 한 TV 프로그램에서 직접 실험한 적이 있는데요, 영상 5-5로 직접 보고 오시죠.

**최현우** ——— 머리색이 아예 다른데도 쉽게 알아차리지 못하네요?

영상 5-6

**송영조** ——— 심지어 정치적 방향에 대한 의견을 묻는 설문도 진행한 뒤 선택지를 몰래 바꿔 다시 참가자들에게 보여줬는데요, 그 결과가 궁금하신 분들은 영상 5-6으로 확인해보시기 바랍니다.

**최현우** ——— 이걸 눈치 못 챘다고요? 믿지 못하겠습니다!

**송영조** ——— 저도 이 실험을 진행하기 전까지는 참가자들이 모두

어메이징 브레인 쇼

눈치채지 않을까 생각했었죠. 하지만 실제로 실험을 수행해보니, 신기하게도 10명 중 9명이 변화를 눈치채지 못하더라고요.

더욱 신기한 건, 바뀐 선택지를 보여주고 선택 이유를 물으면 본인이 고르지 않은 선택지에 대해 선택 이유를 설명합니다. 그리고 그 설명은 참 합리적으로 들리죠. 이 실험 결과에 따르면, 우리는 본인의 기호와 가치관에 대해 선택하더라도 그 선택의 결과를 잘 기억하지 못하는 듯해요. 기존 선택과 바뀐 선택지의 모순에 대해서도 둔감하다고 여겨지고요. 이와 더불어 합리적 이유를 근거로 선택하기보다는, 내가 선택했다고 믿는 선택지에 대해 사후적으로 선택 이유를 구성하는 것으로 보입니다.

**최현우** ——— 우리의 가치관이 이렇게 쉽게 바뀔 수 있나요? 정말 충격적이네요.

**송영조** ——— 선택맹 현상이 알려주는, 선택에 관한 뇌의 둔감성은 마술사의 포스 기술이 왜 그토록 강력한 효과를 보이는지 이해하게 만들어주죠. 뇌과학과 심리학 분야에서도 최근 들어 밝혀지는 뇌의 특징을, 마술사들이 오랜 옛날부터 응용해왔다는 게 놀랍기만 하네요.

**최현우** ——— 마술사들이 사용하던 기법들을 과학적으로 풀어내는 것도, 마술사들에게 많은 영감을 줄 수 있는 것 같아요. 방금 말씀해주신 '이퀴보크'와 관련된 내용만 보더라도, 마술사의 편견을 깨는 아주 흥미로운 발견들이 많았고요.

**송영조** ——— 우리는 미래를 바꿀 만한 다양한 선택지가 있다고 여겨요. 그래서 의지를 갖고 선택하는 게 중요하다고 생각하죠. 하지만 과학적으로 우리가 선택을 한다는 느낌은 허상에 가까워요. 우리는 선택이 이루어지는 인과 과정을 잘 알지 못하며, 심지어 자신이 내린 선택의 결과에 대해서도 착각하는 경향이 있거든요.

마술사는 이 착각을 이용해 관객이 자신의 선택과 트릭의 결과 사이에서 잘못된 인과관계를 믿게 만들 수 있어요. 마술사들의 이런 심리적 기법들은 우리에게 정말 중요한 철학적 문제를 던져주는 것 같습니다.

"우리의 선택이 이렇듯 쉽게 조종당하는 상황에서, 인간에게 자유의지라는 것은 존재할까요?"

# 6막

## 믿음

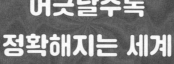

어긋날수록
정확해지는 세계

"인간은 종종 자신이 믿는 그대로가 됩니다.
어떤 일을 할 수 없다고 스스로에게 계속 말한다면,
정말로 그 일을 할 수 없게 될 수도 있습니다.
반대로 할 수 있다는 믿음이 있다면 처음에는 능력이 없더라도
반드시 그 능력을 얻게 될 것입니다."

마하트마 간디 Mahatma Gandhi(정치가)

**최현우** ——— 대부분의 마술사가 공연할 때 사람들에게 "의심하지 마세요"라고 이야기합니다. 그런데 저는 이 말이 본질적으로는 잘못되었다고 생각해요. 마술은 의심해야 더욱 놀랍고 신기한 경우도 있거든요. 그리고 저 말의 정확한 의미는, 집으로 돌아가는 길에 이야기를 나눠도 충분하니 옆 관객의 관람에 방해되는 행위를 삼가해달라는 뜻입니다.

마술사가 마술을 더 잘하기 위해서는 관객의 의심을 자제시키기보다, 오히려 이 놀라움과 신기함이 발생하는 과정을 뇌과학적으로 이해하는 게 더 중요하다고 생각해요.

**송영조** ——— 놀라움과 신기함의 뇌과학적 과정이라… 뇌과학에서 굉장히 중요하면서도 어려운 주제네요. 이번 막은 머리가 조금 아픈 내용일 수도 있지만, 마술이 인간에게 왜 이토록 중요한지, 마술 현상을 만드는 게 얼마나 어려운 일인지, 즉 마술사가 얼마나 어려운 문제를 해결하고 있는지 이해하는 시간이 될 수도 있겠군요.


## 믿음이라는 정보


**최현우** ——— 마술이 인간에게 중요하다는 건, 뇌과학적으로 마술이 인간에게 중요하다는 말씀일까요? 인간의 역사에서 마술은 항상 빠지지 않고 등장해왔고, 문화적·종교적·신화적으로 매우 중요했다는 사실은 제가 앞서 설명드린 바 있죠.

**송영조** ——— 그렇습니다. 역사 속 마술의 중요성은 마술사들도 잘 알 거라고 생각해요. 지금은 인간 심리에 관한 좀 더 본질적인 이야기를 들려드리려고 합니다. 마술을 볼 때 느끼는 주요한 감정인 '놀라움surprise'은,[1] 예상치 못한 일이 일어났을 때 나타나는 감정적·인지적 반응이에요. 간단히 말해, 어떤 일이 일어날 거라 생각했는데 생각과 다른 일이 발생하면 우리 뇌는 놀라게 되죠. 이런 놀라움은 인간의 심리적 활동에 중요한 역할을 할 수 있어요. 그러니 마술을 볼 때 느끼는 놀라움은 인간의 뇌와 심리의 전반적 원리에 대해서 설명해줄 중요한 열쇠가 될 수 있죠.

　이를 알기 위해서는, 일단 '믿음belief'라는 개념을 이해해야 해요. 다음 그림의 마지막 상황에서 눈을 감고 상자 안에서 공 하나를 꺼낸다고 할 때, 빨간 공을 고를 확률은 얼마나 될까요?

**최현우** ——— 60퍼센트죠. 빨간 공이 3개, 파란 공이 2개 있으니까요.

**송영조** ——— 질문을 바꿔볼게요. 빨간 공이 하나 추가된 걸 모르는 입장이라면, 빨간 공이 나올 확률은 얼마나 될까요?

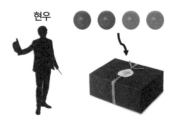

현우

현우가 빨간 공 2개와 파란 공 2개를 상자에 넣었다.

현우

현우는 산책하러 밖으로 나갔다.

영조

그사이 영조가 들어와 상자에 빨간 공 하나를 더 넣었다.

현우

이를 모르는 현우가 다시 돌아와 눈을 감고 상자 안에서
공을 뽑을 때, 빨간 공을 고를 확률은 얼마나 될까?

**최현우 ———** 여전히 빨간 공이 3개, 파란 공이 2개니까, 60퍼센트 아닐까요?

**송영조 ———** 아마 많은 분들이 그렇게 대답할 것 같네요. 우리는 확률을 보통 '빨간 공을 얼마나 자주 뽑게 될지'처럼 물리적 상황에 의해 결정되는 빈도라고 생각하죠. 하지만 제가 지금 설명하려는, 뇌과학을 연구하는 어떤 학파의 사람들은 50퍼센트라고 대답할 거예요. '베이지안Bayesian 학파'라고 불리는 이 과학자들은 확률을 객관적 우연이 아닌 사건 발생에 대한 개인적 확신을 측정하는 척도, 즉 개인적 믿음으로 이해합니다. 이는 개인의 지식, 경험, 정보에 기반한다는 의미로, 사람에 따라 사건이 일어날 확률이 달라지게 되죠.

축구를 예로 들어볼게요. A팀과 B팀의 경기가 곧 열린다고 할 때, 여러분이 A팀의 열렬한 팬으로서 현재 성적, 선수들의 컨디션, B팀과의 전적에 대해 잘 안다고 가정해보겠습니다. 이 정보를 바탕으로 여러분은 A팀이 승리할 확률을 주관적으로 70퍼센트라고 평가할 수 있어요. 반면 A팀에 대한 정보는 부족하지만 B팀이 최근 좋은 성적을 거두고 있다는 사실을 아는 친구는 A팀의 승리 확률을 40퍼센트에 불과하다고 평가할 수 있죠. 이처럼 확률은 각자의 지식에 따라 달라질 수 있다는 뜻이에요.

**최현우 ———** 확률이 개인적일 수 있다니 신기하네요.

어메이징 브레인 쇼

**송영조** _____ 이러한 관점을 바탕으로, 이 믿음을 계속 바꾸어가는 과정으로서 뇌의 인지 과정을 설명하려는 수학적 이론을 '베이지안 뇌Bayesian Brain' 이론이라고 부릅니다. 사실 이 믿음은 뇌에 굉장히 중요해요. 우리의 감각 정보는 매우 불완전할 뿐 아니라 굉장히 잡음이 많은 정보라서(2막 참조) 이러한 정보를 이용해 세상을 정확히 바라보는 것은 굉장히 어려운 일이거든요. 그래서 이를 보완하기 위해 기본적으로 지니고 있는 세상의 대한 믿음prior belief을 사용하죠.

2막에서 나온 여러 착시 현상에서도 우리 뇌가 세상에 대해 어떤 믿음을 가지고 있는지 엿볼 수 있죠. 예를 들어 앞서 아인슈타인 얼굴 착시 사진(63쪽 참조)을 통해서는 일반적으로 세상에는 볼록한 물체가 많다는 믿음을, 연속성의 원리와 관련된 두 개의 선 그림(72쪽 참조)에서는 가려진 물체가 연결되어 있다는 믿음을 지녔다는 걸 알수 있어요. 이는 하위 단계의 믿음들로, 많은 사람들의 뇌가 공통적으로 보유한 것으로 보입니다.

좀 더 유연한 믿음도 존재해요. 예를 들어 아침 9시에 나가면 차가 막힌다는 믿음, 해는 동쪽에서 뜬다는 믿음, 단것을 먹으면 기분이 좋아질 거라는 믿음 등이죠. 이러한 믿음은 태어난 이후 학습으로 알게 되고, 믿음이 빗나가는 상황을 만나면 수정되기도 합니다.

다시 말해, 우리는 믿음을 바탕으로 세상을 바라보는 동시에, 세상을 관찰하며 이러한 믿음을 계속 업데이트해 나가죠. 이러한 업데이트는 예상치 못한 감각 자극이 들어오는 놀라운 상황을 최대한 맞닥

▷ 해가 동쪽에서 뜬다는 것을 아는 것도, 학습을 통해 배운 믿음을 업데이트하기 때문이다.

뜨리지 않기 위한 방향으로 진행됩니다. 예를 들어 아침 9시에 나갔는데 차가 막히지 않는 상황이 반복되면, 우리는 아침 9시에 차가 막힌다는 믿음을 수정할 거예요. 간단히 말해 우리 뇌는 항상 어떤 일이 다가올지 예측하고, 예측이 틀리고 놀라움을 느끼면 그 믿음을 수정합니다.

재미있는 건 "뇌는 끊임없이 미래를 예측하고, 예상치 못한 놀라운 상황이 발생하면 믿음을 수정한다"는 명제 하나 만으로도 앞서 설명한 주의력, 착시, 대비, 기억, 선택 등의 뇌과학 현상을 종합적으로 설

　　　　　　　　　　　　　　　　어메이징 브레인 쇼

명할 수 있다는 점이에요.[2] 수학적으로 복잡한 이야기라서 깊게 들어가지는 않겠지만, 간단히 말해 "뇌는 끊임없이 미래를 예측하고, 예상치 못한 놀라운 상황이 발생하면 믿음을 수정한다"는 게 뇌의 본질적인 원리라고 주장하는 거죠.

**최현우** —— 뇌는 끊임없이 어떤 일이 다가올지 예측하는 게 중요하다는 거죠?

**송영조** —— 네, 그 부분만 잘 기억해주시면 될 것 같네요. 베이지안 뇌 이론의 관점에서 볼 때, 마술은 앞으로 일어날 일에 대한 예측과 감각 정보 사이의 불일치로 인한 놀라움을 높이는 행위로 이해할 수 있어요.[3] 예를 들어 동전이 손에서 나타나는 간단한 마술은, 동전을 쥘 때까지는 손에 아무것도 없다는 믿음(혹은 예측)을 만든 상태에서 손을 펴 동전이 있음을 보여주는 것이죠.

관객의 예측과 마술 효과의 불일치성이 클수록 관객은 더욱 놀라

▷ 마술은 준비 단계와 효과 시연 단계를 거쳐 놀라움을 만들어낸다. 동전 마술의 경우 준비 단계에서 동전을 쥘 때까지는 손에 아무것도 없다는 믿음을 만든 상태로 손을 펴 동전이 없음을 보여준 뒤(왼쪽), 준비 단계에서 만들어진 관객의 믿음과는 전혀 다른 상황, 즉 손을 펴 실제로는 동전이 있음을 보여준다(오른쪽).

고 신기함을 느끼게 될 거예요. 좋은 마술은 이 예측과 감각 정보의 불일치를 최대한으로 만들 거고요. 마술사가 마술을 만들거나 보여줄 때 고려하는 요소들은 모두 이러한 관점에서 바라볼 수 있죠.

## 놀라움을 극대화하는 법

**최현우** —— 그런 측면에서 마술을 처음 하는 사람들이 항상 염두에 두는 간단한 지침이 있어요. 미국의 마술사 하워드 서스턴Howard Thurston이 제안한 '서스턴의 3원칙'인데요, 마술 효과를 극대화하기 위해 ① 마술을 연기하기 전에 현상을 설명해서는 안 되며, ② 같은 마술을 두 번 반복해 보여주면 안 되고, ③ 마술의 비법을 공개해서는 안 된다는 거죠.

**송영조** —— '서스턴의 3원칙'은 모두 기대와 결과 사이에 차이를 줄이는 행위를 금지한다는 공통 목표가 있네요. 먼저 첫 번째 원칙은, 현상을 미리 설명하면 관객은 무슨 일이 일어날지 예측할 수 있게 되고, 이는 결과의 충격을 감소시킬 수 있음을 알려줍니다. 두 번째 원칙은, 마술사가 마술에 성공할 거라는 사실을 깨닫게 된 관객은 놀라움의 수준이 낮아질 수 있어서죠. 마술 시도를 '불가능'하다고 생각하지 않기 때문이에요. 세 번째 원칙은 여러분도 그 이유를 짐작

어메이징 브레인 쇼

▷ 마술을 처음 배우는 사람들이 기본 지침으로 삼는 '서
스턴의 3원칙'을 만든 마술사 하워드 서스턴.

할 수 있을 테니 더 설명하지 않겠습니다.

**최현우** ———— 서스턴의 3원칙을 과학적으로 바라보니 정말 흥미롭
네요. 하지만 주의할 점은, 절대적 원칙은 아니라는 점이에요. 어떤
마술은 현상을 미리 말해서 더욱 신기하게 만들고, 어떤 마술은 계속
반복해야 효과를 더욱 크게 만들 수도 있거든요.

**송영조** ———— 맞습니다. 앞서 "의심하지 마세요"라는 말이 마술의
신기함을 떨어뜨리지 않는다고 말씀해주신 것과 일맥상통한다고 생
각해요. 실제로 뇌가 다음에 일어날 일을 예측하는 과정은 매우 복잡
하고 여러 요소가 관여하기 때문이죠. 그래서 서스턴의 3원칙이 지

영상 6-1

켜지지 않는 경우라도 관객의 놀라움을 더욱 극대화할 수 있습니다. 오히려 마술 현상을 미리 적절하게 말하고 반복하는 것이 관객의 집중도를 높여, 마술 현상이 일어날 때 관객의 믿음을 더욱 확실히 빗나가게 만들 수도 있죠. 영상 6-1과 6-2가 좋은 예시가 될 것 같네요.

영상 6-2

**최현우** —— 비슷한 마술을 반복적으로 보여주거나 트릭을 조금씩 노출해 관객의 의심을 한 방향으로 몰아넣은 뒤, 관객의 예상을 깨뜨리는 마술 형태를 서커 트릭sucker trick이라고 해요. 관객의 믿음을 확실히 빗나가게 하는 영리한 방법이죠. 하지만 서커 트릭은 신중하게 수행해야 합니다. 자칫하면 청중을 우습게 보거나 모욕하는 것으로 보일 수 있거든요.

**송영조** —— 이러한 믿음에는 여러 단계가 있어서 기대와 결과 사이에 차이를 만들기 위한 다양한 방법을 생각할 수 있어요. 그중 대표적으로 사용할 수 있는 것은 '논리적 불가능'에서 더 나아가 '현상적 불가능성'을 만드는 방법이죠. 예시로 마술 하나를 보여드릴게요(영상 6-3).

영상 6-3

**최현우** —— 정말 반응이 뜨거웠던 마술이죠. 말씀하신 '현상적 불가능성'이 무슨 뜻인지 알 것 같아요. 그 자체만 놓고 봤을 때 불가능해 보이는 걸 이용할 수 있다는 말이군요.

**송영조** _____ 정확합니다. 예를 들어 관객이 사인한 카드가 사라졌다가 다른 어딘가에서 나오는 마술을 할 때, 그 카드가 그냥 주머니에서 나오는 경우와 고등어나 과일을 잘랐을 때 나오는 경우에 관객이 느끼는 놀라움은 현저히 다를 거예요. 마술적인 부분을 제외하고 보더라도, 우리가 먹는 과일에서 카드가 나오는 것 자체가 일상생활에서 절대 일어날 수 없는 일이기 때문이죠. 이를 이해하려면 인간이 예측하는 데는 여러 단계의 믿음이 복합적으로 영향을 준다는 점을 이해해야 해요. 이는 아직도 뇌과학자들의 연구가 계속되고 있는 부분이지만, 뛰어난 마술사들은 이미 실용적으로 이해한 뒤 사용하고 있는 것 같아요.

▷ 사라진 카드가 레몬처럼 예상치 못한 곳에서 나오면 더욱 큰 예측 오류(놀라움)를 만들어낸다.

# 예측을 사실로 만드는 뇌

**송영조** ———— 앞서 말씀드린 미스디렉션, 착시, 기억, 선택의 오류는 이러한 믿음과 실제의 차이를 유지하고 극대화하는 데 도움을 줍니다. 하지만 뇌는 이러한 놀라움을 최소화하도록 작동하기 때문에, 놀라움을 만들어내기란 정말 어려운 일이죠. 여기서 제가 마술을 배울 때 특히 감탄했던 심리적 기법인 '머슬 리딩Muscle reading'을 소개해드리려 해요. 이 기법은 뇌과학에서도 중요한 통찰을 제공하는 요소입니다.

**최현우** ———— 머슬 리딩을 알고 계시는군요. 간단히 말해, 특정 물체나 방향을 생각할 때 나타나는 근육의 미세한 무의식적 반응을 읽어내는 기술이에요. 손이나 팔을 접촉하는 특징 때문에 '콘택트 마인드 리딩Contact mind reading', 또 이 기술로 유명세를 떨친 독일 마술사 알렉스 헬스트롬Alex Hellstrom의 이름을 따 '헬스트로미즘Hellstromism'으로도 불리죠. 사람의 무의식을 읽는 진정한 마인드 리딩 기술에 가깝기 때문에 성공했을 때 효과가 매우 강력합니다. 마술 기술 중에서도 최고 수준의 기술로 손꼽혀서 많은 훈련이 필요하고요.

예를 들어 카드 다섯 장을 펼쳐놓고 관객이 카드 하나를 마음속으로 생각하게 합니다. 그리고 관객이 마술사의 오른팔을 살짝 잡고 그 카드가 있는 방향을 생각하거나 단순히 그 카드를 생각하면, 마술사는 관객이 생각한 카드 방향으로 약한 힘을 느끼게 돼요. 이때 마술

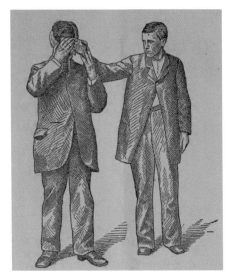

▸ '머슬 리딩'은 무의식적으로 나타나는 관객의 근육 반응을 읽어내는 기법으로, 뇌과학 연구에도 통찰을 제공한다.

사는 이를 감지하고 관객이 생각한 카드를 알아내는 거죠.

중요한 점은 관객이 손을 움직이려 하지 않고 단지 생각만 했을 뿐인데도 근육이 반응한다는 겁니다. 매우 어려운 기술이라 저도 실제로 본 적은 손에 꼽을 정도예요. 제가 본 건 카드 5장이나 물체 몇 개만으로 진행되었는데요, 2018년 미국 매직 컨벤션에서 머슬 리딩을 40년 넘게 연습한 프랑스 마술사의 경이로운 머슬 리딩을 볼 수 있었습니다. 당시 모습을 영상 6-4를 통해 한번 보고 오시죠.

영상 6-4

**송영조** _____ 머슬 리딩만으로 52장의 카드 중 단 한 장을 읽어낼 수 있다니 정말 놀랍네요. 저도 머슬 리딩에 관한 많은 책과 영상을 찾아봤지만, 이 정도 수준은 처음 봅니다.

**최현우** _____ 처음 봤을 때는 너무 놀라서 말도 제대로 나오지 않더라고요. 카드를 생각만 하고 있었는데도 그걸 읽어냈죠.

**송영조** _____ 이렇게 본인의 생각이나 관념으로 인해 신체의 움직임이 자동적으로 제어되는 현상을 '관념-운동 반응Ideomotor response'이라고 해요.[4] 19세기에 강령술을 반박하기 위한 개념으로 과학자들의 주목을 받았죠. 당시 유행한 강령술로는 '위자 보드'와 '테이블 터닝' 등이 있었어요. '위자 보드'는 알파벳과 숫자가 적힌 보드와 구멍 뚫린 작은 판인 플랑셰트planchette로 구성되는데요, 이 플랑셰트에 손을 올리고 죽은 자에게 질문하면 플랑셰트가 스스로 움직여 특정 알파벳을 가리킴으로써 죽은 자가 대답하는 식이었죠.

**최현우** _____ '분신사바' 같은 건가요?

**송영조** _____ 그렇습니다. 분신사바 또한 일본에서 유래된 강령술의 일종이에요. 두 사람이 연필을 쥐고 죽은 자에게 질문을 던지면 연필이 스스로 움직여 대답하는 거죠. 19세기 무렵 서양에서 강령술은

▷ 한 명 혹은 여러 명이 플랑셰트 위에 손을 올리고 죽은 자에게 질문하면, 플랑셰트가 스스로 움직여 답을 준다고 알려진 강령술 '위자 보드'(위). 참가자들이 테이블에 손을 올려놓고 죽은 자와 소통을 시도하면, 테이블 스스로 회전함으로써 영혼의 존재를 증명한다고 여겨졌던 강령술 '테이블 터닝'(아래).

개인의 의식이 사후에도 지속된다고 믿는 '영성주의spiritualism'의 증거로 사용됐어요. 그러나 '전자기학의 아버지'로 불리는 마이클 패러데이Michael Faraday를 비롯한 여러 과학자들의 노력으로 이러한 강령술들이 '관념-운동 반응'에 따른 현상이라는 점이 밝혀졌죠. 예를 들어 위자 보드에 손을 올려놓고 기다리면, 본인의 기대와 일치하도록 무의식적으로 근육이 움직여 강령술이 이루어졌다는 겁니다. 분신사바도 같은 원리로 이해될 수 있고, 머슬 리딩 또한 이 현상을 이용한 것이죠.

흥미로운 점은, '관념-운동 반응'이 앞서 언급한 "뇌는 끊임없이 미래를 예측하고, 예상치 못한 놀라운 상황이 발생하면 믿음을 수정한다"는 명제와 밀접한 관련이 있다는 거예요. 이는 베이지안 뇌 이론의 확장된 형태로, 우리의 사고뿐 아니라 무의식적 혹은 의식적 행동마저 세상에 대한 믿음을 바탕으로 미래를 예측하는 것과 관련된다는 이론이 제시되었죠. 이 이론을 '능동적 추론active inference' 이론이라고 하는데요.[5] 간단히 설명하면, 눈앞에 사과가 보이면 우리는 알고 있는 지식을 바탕으로 사과의 단단한 촉감과 단맛을 예측합니다. 즉, 뇌는 사과를 보면 곧 사과의 단단한 촉감과 단맛이 느껴질 거라고 무의식적으로 예측한다는 거죠. 이 예측이 틀리지 않도록 하기 위해 우리는 근육을 움직여 사과를 만지고, 입에 넣어서 먹어보는 거예요.

**최현우** ———— 예측을 사실로 만들기 위해 우리 몸을 움직인다고요?

어메이징 브레인 쇼

**송영조** ——— 실제로는 좀 더 복잡한 이야기이지만, 지금은 그렇게 이해하셔도 충분해요. 중요한 건 능동적 추론의 관점에서 관념-운동 반응도 설명할 수 있다는 겁니다.[6] 우리가 눈앞에 보이는 물체 중 하나에 집중하면 그 물체와 관련한 여러 감각이 연상돼요. 즉, 그 물체와 관련한 감각이 예측되죠.

우리 뇌는 그 예측을 사실로 만들기 위해 자동적으로 신체를 움직이게 되는데, 그로 인해 발생하는 미세한 움직임을 읽는 게 머슬 리딩의 원리예요. 따라서 마술사가 머슬 리딩을 성공적으로 수행하려면 물체가 있는 방향에 대한 감각을 관객이 구체적으로 상상하도록 만드는 게 매우 중요할 것 같네요.

**최현우** ——— 머슬 리딩과 관련된 책들 또한 감각을 최대한 선명하게 상상해야 한다고 강조해요.[7] 머슬 리딩이 과학적으로 설명될 수 있다니 무척 흥미롭군요.

## 빗나갈수록 업데이트된다

**송영조** ——— 뇌가 믿음을 바탕으로 미래를 예측하고, 그 예측 오류를 최소화해 놀라는 상황을 줄이는 것은 뇌의 매우 근본적이고 중요한 원리입니다. 우리가 평소에 하는 행동도 궁극적으로는 예측 오류를 최소화하기 위한 과정으로 이해할 수 있고요.

그런데 이런 관점에서는 사람들이 마술 공연을 보러 가는 게 굉장한 모순 같죠. 마술은 결국 예측 오류를 만들어 놀라움을 주기 때문에, 뇌의 작동 원리를 배반하는 것처럼 보이거든요. 뇌는 어째서 놀라움을 최소화하려 하면서도 마술처럼 놀라움을 주는 활동을 좋아할까요?

**최현우** ——— 듣고 보니 모순적으로 느껴지네요.

**송영조** ——— 지식을 배우고, 세상과 물리적 법칙에 대한 믿음(예: 물체는 땅으로 떨어진다)인 '세계 모델'을 만드는 것은 뇌의 주요한 임무예요. 인간이 좀 더 똑똑하게 살아가기 위해서죠. 따라서 뇌는 실제로 보고 듣는 것과 자신이 만든 세계 모델의 차이를 줄여, 놀라운 일이 일어나지 않도록 노력합니다.

예를 들어 우리는 해가 뜨면 낮이 되고 지면 밤이 된다는 것을 알고 있어요. 그런데 이런 모델을 만들고 개선하는 과정에서 때때로 예상치 못한 새로운 것을 발견하게 돼요. 이것은 우리가 놀랄 때 일어나는 일이죠. 평소와 다르게 해가 뜨지 않으면 우리는 놀라서 왜 그런지 알아보려 하며, 이런 호기심은 우리가 새로운 것을 배우고 탐험하도록 돕습니다. 즉, 마술처럼 우리 예상을 빗나가게 하는 활동들은 새로움을 제공하고, 세계 모델을 테스트하며, 새로운 것을 배울 기회

어메이징 브레인 쇼

를 주는 거죠.[8]

정리하면, 예상치 못한 일을 발견하는 행동은 인간 학습의 주요 동기인 호기심을 불러일으킵니다. 마술 공연에서 발생하는 예상이 벗어나는 일들도 우리의 호기심을 자극하죠.[9] 놀라움을 많이 느끼는 환경에 노출되면 일시적으로는 예측이 계속 빗나가는 상황을 겪지만, 장기적으로는 '세계 모델'을 업데이트해 미래에 대한 예측의 정확도를 높일 수 있는 거예요. 어린아이들이 주변의 모든 것에 관심을 두고 질문하는 것도, 세상에 대한 정보를 최대한 학습하기 위해서겠죠.

**최현우** ——— 호기심을 갖는 것은 그런 의미에서 중요하군요. 더군다나 마술이 인간의 학습과 관련된 중요한 측면을 반영한다니 흥미롭네요.

어린아이들이 주변 모든 것에 관심을 둔다고 말씀하셨는데, 사실 아이들을 위한 마술 공연을 만들기가 생각보다 매우 어렵습니다. 어른들을 속이는 마술은 아이들이 신기해하지 않는 경우가 많고, 아이들이 좋아하는 마술은 어른들이 좋아하지 않는 경우가 많거든요.

**송영조** ——— 몇 가지 이유가 있을 수 있어요. 일단 아이들은 아직 세상과 물리적 법칙에 대한 '세계 모델'이 발달하고 있습니다. 앞서 말씀드렸듯이, 마술은 사람들의 세계 모델과 믿음에 위배되는 상황을 만들어 놀라움을 일으키죠. 하지만 물리적 현실에서 '정상'이 무

▷ 어린이 관객을 대상으로 공연 중인 최현우 마술사. 성인을 대상으로 하는 마술은 아이들에게 쉽게 통하지 않기 때문에 마술의 방법과 구성, 놀라움의 요소를 완전히 다르게 만드는 키즈 매지션이 따로 있다.

엇인지 완전히 이해하지 못한 아이들에게는 규범을 무시하는 마술이 덜 놀라울 수 있어요. 심지어 아이들의 세계 모델에서 마법은 실제로 일어날 수 있는 일일 수도 있고요. 경이로움과 신비로 가득한 아이들의 세상에서 마술은 그저 이해할 수 없는 또 하나의 사건에 불과할 수 있죠.[10]

**최현우** _____ 세상에 대한 믿음이 완전히 자리잡히지 않은 것이 굉장히 큰 영향을 줄 수 있겠네요.

어메이징 브레인 쇼

**송영조** ——— 게다가 마술은 종종 일반적인 경험이나 공유된 지식 (예: 물체는 허공으로 사라지지 않는다)을 바탕으로 합니다. 아이는 이러한 맥락적 지식이 부족해 마술이 왜 놀랍거나 인상적인지 이해하기 어려울 수 있어요. 또한 문자 그대로 생각하는 경향이 있기에 착각의 미묘함이나 속임수의 개념을 이해하지 못할 수도 있고요. 그래서 마술을 액면 그대로 받아들이고 놀라움이나 의아함을 느끼기는 어려울 수 있죠.[11]

간단히 말해, 아이들과 어른들의 믿음 체계와 사고 체계는 다르므로 이 둘 모두의 예상을 깨뜨리는 마술을 만들기란 굉장히 어려운 일입니다. 같은 현상을 봐도, 다음의 일어날 일을 예측하는 양상이 매우 다르기 때문이죠. 온 가족을 위한 마술쇼를 구성하기가 얼마나 어려운지 많은 관객이 이해해주시면 좋겠네요.

**최현우** ——— 공연 때마다 그런 점을 극복하고 모두를 아우르는 마술을 만들기 위해 정말 애를 쓰고 있습니다.

**송영조** ——— 정리해보죠. 뇌는 세상에서 일어나는 일들에 대해, 믿음과 경험을 바탕으로 최선의 예측을 합니다. 마술을 보는 행위는 흥미롭게도 이러한 뇌의 예측 과정을 뛰어넘는 경험을 제공해요. 이렇게 예측이 빗나가는 순간 놀라움을 느끼게 되죠.

마술적인 현상이 당장은 예상치 못한 놀라움만 주는 것처럼 보이지만, 장기적으로는 이러한 예측력을 향상시키는 데 기여할 수 있어요. 마술적 현상에 호기심을 품는 것은 학습력과 생존력을 높이는 데 필수적 역할을 할 수 있으며, 바로 이런 점이 호기심의 원천으로 작용할 수 있습니다. 따라서 사람들의 예측과 기대를 교묘히 조작해 마술 현상을 만들어내고, 놀라움을 넘어 호기심과 흥미를 느끼게 하기 위해서는 이러한 과정을 잘 이해하는 게 중요하죠.

# 엔딩

## 놀라는 뇌가
## 살아남는다

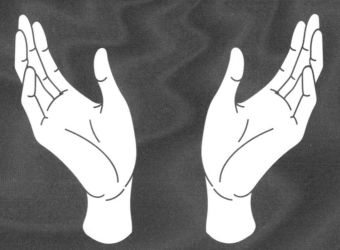

"충분히 발달한 기술은 마법과 구별할 수 없다."

아서 C. 클라크(SF 작가)

**최현우 ———** 마술사이다 보니 일상에서도 마술에 관련된 질문들을 정말 많이 받습니다. 가볍게 대답하는 경우도 있지만, 뇌과학자 입장에서는 어떤 답을 줄지 궁금한 것들이 있어요.

**송영조 ———** 좋습니다. 궁금증을 해소하는 시간을 가져보도록 할게요. 어떤 질문들이 있을까요?

## 마술이 누군가에게 사랑의 감정을 일으킬 수 있을까?

**최현우 ———** 저 역시 사춘기 시절 여자친구를 사귀고 싶은 마음에 데이비드 카퍼필드David Copperfield의 마술을 보고 취미로 마술을 시작했습니다. 사람들에게는 그런 환상이 있는 것 같아요. 마술을 보여주면 이성에게 인기가 있을 것 같기도 하고, 남들이 갖기 어려운 재주로 쉽게 아이스 브레이킹을 할 수 있지 않을까 하고요. 저는 이게 직업인지라 밖에서는 오히려 잘 보여주지 못하고 있죠. 요리사가 집에서 요리를 잘 안 하는 것처럼요. 그런데 진짜 마술을 보여줬을 때 이성의 뇌에서 어떤 반응이 나타나는지에 대해서는 항상 궁금했어요. 여기서 전제는 마술이 매우 신기해야 하며, 어설픈 마술은 해당되지 않는다는 점입니다.

**송영조** ——— 오프닝에서 설명드린, 마술을 볼 때의 뇌 반응을 관찰한 연구가 떠오르네요(20쪽 참조). '꼬리핵'은 실험자가 마술을 보는 내내 활성화되었던 부위였죠. 이 부위는 기대감expectation 혹은 보상reward과 관련해 중요한데요, 결혼한 상대를 볼 때[1] 혹은 이성에게 강한 끌림을 느낄 때[2] 활성화되는 것으로도 알려져 있어요. 하지만 이 결과는 마술 효과에 대한 기대감과 이성적 끌림 사이에 공통적 메커니즘이 있을 가능성만 암시할 뿐, 마술 자체가 이성적 끌림을 야기한다고 보기는 어렵습니다.

오히려 마술을 볼 때 어떤 감정이 나타나는지 조사한 연구를 통해 이 질문과 관련한 내용을 좀 더 자세하게 살펴볼 수 있죠.[3] 마술을 볼 때는 다양한 감정이 나타날 수 있는데, 그중 당연하게도 '놀라움surprise'과 '흥미interest'가 가장 상위권에 위치했어요. 이성적 끌림과 연관될 수 있는 감정인 '연모adoration'는 12위에, '연애 감정romance'은 22위, '성적 끌림sexual desire'은 26위에 올랐네요.

**최현우** ——— 이런 걸 조사한 연구가 있다니 신기하네요.

**송영조** ——— 이번 질문의 관점으로 이 결과를 해석해보면 긍정적인 메시지는, 연모하는 감정과 연애 감정, 성적 끌림은 마술을 볼 때 나타날 수 있는 여러 감정 중 하나라는 점입니다. 마술이 이성적 끌림을 야기할 수 있다는 중요한 증거일 수 있죠. 하지만 신중히 고려

어메이징 브레인 쇼

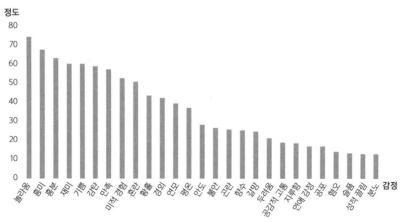

정도

80
70
60
50
40
30
20
10
0

놀라움 흥미 흥분 재미 기쁨 감탄 만족 미적 경험 혼란 황홀 경이 연민 평온 안도 불안 긍련 향수 갈망 두려움 긍정적 고통 지루함 연애 감정 공포 혐오 흥분 성적 끌림 분노

감정

▸ 마술을 볼 때 느끼는 상위 27개 감정의 설문조사 결과 '놀라움'과 '흥미'가 상위권에 올랐다. 이성적 끌림과 연관된 '연모'는 12위, '연애 감정'은 22위, '성적 끌림'은 26위로 집계되었다.


할 것은, 이성적 끌림과 관련된 감정이 마술과 가장 직접적으로 연결 되는 감정은 아니라는 점이에요. 즉, 마술을 보여준다고 항상 관객이 그러한 감정을 느끼진 않는다는 뜻입니다. 이 연구는 참여자들이 마 술에 대해 어떤 인상을 지녔는지 혹은 어떤 마술을 주로 봤는지 고려 되지 않았기 때문에, 좀 더 정확한 결론을 위해서는 이에 대한 분석 도 필요할 것 같아요.

**최현우 _____** 그래도 마술이 이성적 끌림과 관련이 있다니 고무적 인 결과네요.

**송영조** ——— 지금까지는 마술 자체가 애인을 만드는 데 도움을 줄 직접적 가능성에 대해 이야기했지만, 간접적 효과까지 고려해보면 도움이 될 가능성은 더욱 높아져요. 마술은 트릭 외에도, 트릭의 성공적 수행을 위한 커뮤니케이션 능력, 유머, 카리스마 등 여러 사회적 스킬이 필요해요. 따라서 마술 연습과 수행이 이러한 사회적 스킬을 키우도록 도울 수 있다는 가설을 세워볼 수 있죠. 부분적이나마 이를 검증하기 위한 몇몇 실험들도 수행된 바 있고요.

케빈 스펜서Kevin Spencer는 2015년 밀버른 크리스토퍼 재단The Milbourne Christopher Foundation에서 올해의 국제 마술사로 선정된 저명한 마술사입니다. 교육학 박사로서 자폐증, 발달 장애, 지적 장애, 정서 장애, 트라우마를 경험한 아동의 삶에 변화를 가져오기 위한 교육 프로그램도 적극적으로 개발하고 있죠.[4] 스펜서는 2011년 학습과 정서 활동에서 어려움을 겪는 이들을 포함한 학생들의 동기 부여와 주요 학습 기술을 증진하기 위해 마술 기반 수업 계획이 포함된 교육 커리큘럼인 '호커스 포커스Hocus Focus'를 고안했습니다. 그리고 세 학교의 장애 학생들을 대상으로 이 커리큘럼을 사용해 마술을 이용한 교육 프로그램의 효과를 검증하려 했죠.

이 연구는 마술이 다양한 정서 장애를 가진 아이들의 정서적·사회적·인지적 능력을 향상시킬 가능성에 대해 유의미한 증거를 제공하는데요.[5] 특히 마술을 이용한 프로그램은 학생들과의 관계 개선, 리더십, 사회적 기술 향상, 긍정적인 또래 관계, 참여도 증가를 야기

어메이징 브레인 쇼

▷ 저명한 마술사이자 마술을 이용한 여러 교육 프로그램의 개발을 이끌어온 케빈 스펜서가 마술 기반 학습 프로그램인 '호커스 포커스'를 시연하고 있다.[6]

했다고 해요. 특히 '사회적 기술의 향상'은 마술 수행이 포함된 학교에서만 관찰되었는데, 이는 마술을 직접 연습하고 수행하는 게 사회성 향상에 중요하다는 점을 암시하죠.

**최현우** ———— 마술이 장애 학생들의 사회성 향상에 도움이 된다는 뜻이군요.

**송영조** ———— 그렇죠. 9~12세 남자아이들을 대상으로 진행된 연구에 따르면, 마술을 연습하고 수행했을 때 '대인 관계에서의 경계 위반Interpersonal Boundary Violation ᵇ이 65퍼센트나 줄었으며, 어른이 개입해 제지해야 할 정도의 과한 행동을 하는 횟수도 62퍼센트나 줄어들었어요.[7]

**최현우** _____ 사회적 선을 넘는 관객의 부적절한 행동은 마술 공연을 크게 망쳐놓을 수 있긴 합니다. 마술을 연습하면서 아이들이 그런 선들을 학습할 수 있지 않을까요?

**송영조** _____ 저도 비슷하게 해석했었죠. 다만 연구진들이 논문에서 더 이상의 해석과 분석을 진행하지 않았고, 연구에 참여한 아이들의 숫자도 매우 적었어요. 그래서 이 결과를 더 깊게 해석하기 위해서는 추후 연구가 더 필요하다고 생각합니다. 하지만 이와 같은 사례들을 종합해볼 때 마술이 아이들의 사회성에 긍정적 영향을 줄 수 있다는 데는 전문가들의 합의가 이루어지고 있죠.[8] 이러한 사회성 향상까지 고려하면 마술 연습과 수행의 경험은 분명 이성과의 관계에도 긍정적인 영향을 주지 않을까 싶네요. 다만 이에 대해서는 더 엄밀한 과학적 검증이 추가적으로 필요한 상황입니다.[9]

● 개인이 타인의 신체적·감정적·사회적 공간이나 한계를 존중하지 않고 침해하는 행위. 부적절한 신체 접촉, 개인적 정보에 대한 지나친 관심이나 질문, 타인의 개인 공간 침범, 강요된 친밀감 등 다양한 형태로 나타날 수 있다. 대인 관계에서의 경계는 사람들이 서로를 존중하고 안전하게 느끼는 데 중요한 역할을 하며, 이 경계를 존중하는 것은 건강한 관계를 유지하기 위해 필수적이다.

어메이징 브레인 쇼

# 우리는 마술을 통해 더 똑똑해질 수 있을까?

**최현우** ——— 애덤 그랜트Adam Grant가 쓴 《오리지널스》에는 매우 흥미로운 자료가 나옵니다. 노벨상 수상자들의 취미를 조사해보니, 노벨상 수상자들은 마술 같은 공연 예술을 취미로 삼을 확률이 노벨상을 받지 않은 과학자들보다 22배가 높았다는 사실이죠. 또한 노벨물리학상 수상자이기도 한 리처드 파인만Richard Feynman의 에세이에도 마술을 자신만의 방법으로 연구해 사람들에게 보여줬다는 대목이 나오고,[10] 유명한 수학자 마틴 가드너Martin Gardner도 마술을 부업으로 삼아 많은 책을 내기도 했습니다. 사실 미국이나 유럽에서는 파트타임 마술사 중 상당수가 교수나 의사, 과학자이기도 해요. 어린시절부터 마술을 연습하면 뇌과학적으로 지능 발달에 도움이 될까요?

**송영조** ——— 흥미롭네요. 특히 제가 제일 존경하는 물리학자인 리처드 파인만도 한때 마술을 했다는 사실이 무척 기쁩니다. 이와 같은 저명한 과학자들이 취미로 마술을 하는 데는 여러 이유가 있을 수 있어요. 최근 마술을 좋아하는 사람들의 특징을 조사한 연구가 하나 있는데요,[11] 조사 결과, 마술을 좋아하는 것과 가장 연관 있는 성격 요소는 '개방성Openness'이었다고 합니다. 개방성은 새로운 경험에 얼마나 개방적이고 창의적이며, 지적으로 호기심이 많은지 보여주죠. 창의성, 예술적 감수성, 모험심, 지적 탐구 욕구, 다양한 사고방식과 관

▷ 노벨물리학상 수상자이기도 한 리처드 파인만은 한때 마술을 취미로 삼았으며(왼쪽), 수학자 마틴 가드너도 마술을 부업으로 삼아 많은 책을 펴냈다.

점에 대한 수용성과도 관련이 있고요.\* 이 개방성이 높은 사람들일수록 마술을 좋아할 가능성이 더 높았다고 합니다.\*\* 높은 개방성은 새로운 아이디어와 경험에 대한 호기심, 창의적 사고, 비평적 사고, 그리고 복잡한 문제를 둘러싼 다양한 관점을 탐구하려는 경향과 관련

● 개방성이 높은 사람들은 종종 새로운 아이디어에 대해 더 수용적이며, 비전통적이고 창의적인 사고를 하는 경향이 있다. 이들은 새로운 문화적 경험, 다양한 예술 형식, 비평적·철학적 사고에 더 많이 끌린다. 반면 개방성이 낮은 사람들은 좀 더 전통적·관습적이며, 새로운 것보다는 친숙하고 검증된 경험을 선호하는 경향이 있다. 개방성은 개인의 창의력, 사고 유연성, 문화적 관심 등에 큰 영향을 미친다.

●● 이외에도 일반적으로 비우호적이며 사회적으로 냉담한 특성을 보이는 사람들, 특히 높은 사이코패스 점수, 낮은 공감 능력, 높은 충동성과 관련된 사람들은 마술을 싫어하는 것으로 나타났다. 이런 사람들은 본인들이 속고 있다는 느낌을 즐기지 않을 가능성이 높으며, 마술 공연에서 형성되는 공연자와 관객의 관계에 협조적이지 않을 가능성이 높다.

어메이징 브레인 쇼

돼요. 이러한 특성은 학문적 성취에 중요한 요소가 될 수 있죠.

실제로 노벨상 수상자들은 개방성이 더 높은 경향이 있어요.[12] 노벨상은 해당 학문 분야에서 획기적 혁신과 기여를 한 분들에게 수여하는 것이라서, 그 수상자들은 기본적으로 새로운 아이디어에 관심이 많으며, 새로운 방법론을 잘 수용하고 다양한 분야에 열린 태도를 지닐 가능성이 높을 거예요. 또 다른 연구에서는 개방성 요소로 SAT 구술시험 점수를 가장 정확하게 예측한 바 있는데,[13] 이는 개방성과 학술적 성취의 연관성을 암시하는 결과죠.

물론 노벨상 수상자들은 개방성 외에도 높은 책임감, 성실성, 협동심 등을 보였어요. 따라서 개방성은 단편적 요소일 뿐이라는 데 유의해야 하죠. 실제로는 여러 지능적 요소와 성격의 복잡한 상호작용을 통해 노벨상 수상자들의 뛰어난 업적이 만들어졌을 거예요.

**최현우** —— 정말 흥미로운 결과들인 것 같습니다.

**송영조** —— 이번에는 마술과 지능의 좀 더 직접적인 관계에 대해 이야기해볼게요. 이는 매우 다각도로 살펴봐야 하는 질문인데, 지능을 나타내는 요소가 매우 다양하기 때문이죠. 일단 우리가 흔히 알고 있는 IQ 테스트를 기준으로 하면, 마술 수행과 IQ 점수의 직접적 관계를 논한 연구는 찾을 수 없었습니다. 하지만 인간의 지능에는 논리적 사고, 창의적 문제 해결, 기억력, 집중력 같은 다양한 구성 요소가 있기 때문에, 마술이 지능의 다양한 구성 요소들에 어떻게 영향을 미치는지 살펴봐야 하죠. 앞서 소개한 케빈 스펜서의 '호커스 포커스'의 경우, 장애 학생들의 사회성 향상과 더불어 학생들의 집중력과 기억력, 동기 부여와 참여도를 향상시키는 결과를 얻었다고 해요.[14]

**최현우** _____ 사실 마술 트릭은 고도의 기억력과 집중력을 필요로 합니다. 특히 현대 마술들은 그 원리 자체가 굉장히 복잡한 경우도 있어서 마술을 수행할 때마다 엄청난 기억력과 집중력을 요구하죠.

**송영조** _____ 그래서 마술이 익숙하지 않은 분들은, 간단한 마술을 배우려 해도 순서를 곧잘 까먹는 경우가 있어요. 그런 면에서 마술이 해당 능력을 기르는 데 도움이 될 수도 있겠죠. 하지만 다른 예술 활동에 비해 마술이 좀 더 특별하게 영향을 주는 지능 요소가 있긴 합니다.

간단한 테스트를 하나 해볼게요. 1분 동안 사진 속 벽돌로 할 수 있는 행동을 최대한 다양하게 적어보시죠.

**최현우** _____ 일단 집을 지을 수 있고, 마술 공연에서 발판으로도 사용할 수 있을 것 같아요. 젖은 카드가 구불구불해지지 않게 누를 수도 있을 것 같고요.

▷ 벽돌을 이용해서 할 수 있는 것들을 생각해보자.

**송영조** —— 역시 마술과 관련한 용도들이 나오네요. 여러분은 총 몇 가지 정도가 떠오르셨나요? 다음으로 넘어가지 전에, 먼저 영상 1을 보고 오시죠.

영상1

**최현우** —— 에릭 첸Eric Chien이군요! 무척 창의적인 마술사죠.

**송영조** —— 저도 2018년 마술올림픽에서 이분의 마술을 처음 봤을 때 입이 다물어지지 않더라고요. 이번에는 신문지로 할 수 있는 것들을 적어보시죠.

**최현우** —— 신문지 칼을 접어서 칼싸움을 할 수 있을 것 같아요.

▷ 신문지로 우리는 무엇을 할 수 있을까?

제 친구 중에 신문지로 병을 잘 따는 친구도 있고요. 추울 때 신문지를 태워서 따뜻하게 할 수 있지 않을까 싶고, 신문지로 창문도 닦죠! 젖은 신발에 구겨 넣으면 물기를 흡수하고요. 그리고 보니 냉장고에 과일을 넣을 때 신문지로 포장해서 넣기도 하네요.

**송영조**＿＿＿ 방금 전보다 다양한 용도를 술술 말하시네요. 이렇게 물건을 하나 제시하고 다양한 용도를 떠올리게 하는 검사를 '대안적 용법 검사Alternate Uses Test'라고 합니다.[15] 창의성을 측정하기 위해 사용되는 심리학적 도구죠. 실제 검사는 좀 더 엄밀하게 수행되고 평가되지만, 대략적으로 설명드리면 얼마나 다양하고 독창적인 용도를 떠올리는지로 창의성이 평가되는 겁니다.

비슷하게 구성된 실험이 아동들을 대상으로 수행된 바 있는데요,

어메이징 브레인 쇼

마법적인 일이 일어나는 짧은 영화와 그렇지 않은 짧은 영화를 보여
준 뒤 방금 전과 같은 창의력 검사를 진행했을 때, 마법적인 일이 일
어나는 영화를 본 아이들의 창의력 점수가 더 높았다고 합니다. 심지
어 VR 기기를 이용했을 때도, VR 기기를 통해 마법적인 일을 경험
한 아이들이 평범한 일을 경험한 아이들보다 더 높은 창의력 점수를
보여주었다고 해요.

**최현우** ———— 마법적인 경험이 창의력을 올려줄 수 있군요.

**송영조** ———— 지금까지의 결과를 보면 그렇다고 볼 수 있죠. 창의력
과 관련한 실험들에 따르면, 사람들이 일반적으로 지닌 세상에 관한
모델 혹은 생각(전문 용어로 '스키마')을 방해하거나 불일치시키는 행
위는 창의력을 향상시킬 수 있는 것으로 보입니다.[16] 마술을 보는 행
위는 사람들의 믿음과 기대를 깨는 행위이기 때문에, 그런 측면에서
창의력 향상의 긍정적 효과를 기대해볼 수 있죠. 더 나아가 심리학
자 리처드 와이즈먼Richard Wiseman을 필두로 한 연구진들은 마술을 직
접 연습하고 수행하는 것이 창의력에 어떤 영향을 주는지 조사했는
데요.[17] 연구 결과, 마술 연습과 수행이 그림 그리기 연습보다 창의력
점수를 더 향상시켰다고 해요.

**최현우** ———— 마술을 배우는 것도 아이들의 창의력을 높이는 데 도

움이 될 수 있겠군요.

**송영조** ─── 일단은 그런 것 같습니다. 심지어 마법과 같은 판타지스러운 요소에 대한 선호도가 높은 아이가 창의력도 높은 경향이 반복적으로 관찰되었죠.[18] 마술을 보고, 좋아하고, 직접 수행해보는 등의 다양한 방법으로 창의력에 영향을 줄 수 있는 것 같아요. 리처드 파인만에게 노벨물리학상을 안긴 놀랍도록 창의적인 연구와, 마틴 가드너가 쓴 창의적인 책들의 기저에는 이러한 마술의 영향이 있었을지도 모르겠네요.


## 인공지능이 발달하면 마술은 사라질까?

**최현우** ─── 최근에는 인공지능의 발달로 마술도 큰 위협을 받고 있습니다. 챗GPT 등의 인공지능을 이용해 마술 영상을 분석할 수 있게 되었거든요. 살짝 무섭기도 합니다. 예를 들면 제가 방송에서 어떠한 마술을 보여주었을 때 인공지능에 그 유튜브 영상 링크를 집어넣기만 하면 마술의 비밀을 분석해줄 수도 있다는 이야기잖아요.

한번은 걱정이 되어서 챗GPT에게 직접 물어본 적도 있습니다. "인공지능이 발달하고 있는데, 마술이 10년 뒤에도 살아남을 수 있을까?"라고요. 정말 흥미로운 대답이 돌아오더군요. "마술은 단순히 트릭으로 이루어진 것이 아닌 인간이 지닌 뇌의 허점, 선입견, 시각적 착각 등을 이용한 예술이기에 쉽게 사라질 수 없습니다"라고요. 제가 한동안 잊고 있던 마술의 본질을 정확히 알려주니 머리를 크게 한 대 맞은 듯한 기분이 들었어요.

**송영조** ——— 챗GPT의 통찰력은 정말 놀랍네요. 최근 들어 인류를 가장 위협하는 문제 중 하나는 인공지능의 발달이 아닐까 싶습니다. 벌써부터 인공지능이 인간이 하는 일의 많은 부분을 대체하고 있으니까요. 말씀하신 것처럼, 마술사에게는 인공지능에 마술 영상을 넣는 것만으로 마술의 해법이 바로 튀어나오는 상황이 가장 위협적이겠죠. 하지만 그런 인공지능이 나오기까지는 극복해야 할 기술적인 문제가 많아요. 마술은 단순히 신체적 움직임을 보여주는 것을 넘어 관객의 지각과 주의를 조작하는 손재주, 방향 전환, 심리적 트릭을 포함하는 경우가 많기 때문이죠.

현재의 AI 모델, 심지어 비디오 분석 분야에서 발전된 모델도 주로 행동, 사물, 인간의 상호작용 등 영상에 나타나는 객관적 요소를 인식하고 해석하는 데 중점을 둡니다. 아직은 인공지능이 마술에 필수적인 인간 심리와 속임수의 미묘한 차이를 이해하는 데는 능숙하지 못하다는 이야기죠. 또한 마술은 문맥적 단서와 사전 지식에 의존하는 경우가 많은데, AI 시스템이 인간처럼 미묘한 맥락을 고려해 정보 처리를 하도록 만들기란 매우 어렵습니다. 의도적으로 시청자를 속

이러는 경우, 현재의 비디오 분석 기술은 이 미묘한 차이를 식별할 수 있을 만큼 정교하진 않죠.

더욱이 비디오 분석 분야를 포함한 AI 모델은 아직까지 주로 마술의 예시나 기만적 기법이 포함되지 않은 데이터 세트를 기반으로 학습합니다. 그런데 이러한 예시나 기법이 들어 있는 데이터에 노출되지 않으면, 마술 뒤에 숨겨진 방법론을 인식하거나 이해하는 방법을 배울 수 없죠. 마술을 학습하려면 마술 영상과 해법을 정확히 연결지어주는 훈련 데이터, 그것도 방대한 데이터가 필요한데 이를 구하기가 쉽지 않고요. 따라서 적어도 당분간은 마술이 AI 분석으로부터 안전한 영역으로 남을 가능성이 높다고 생각해요.

물론 마술을 분석해주는 인공지능이 나오지 않을 거라는 뜻은 아닙니다. 동영상 분석 인공지능 기술이 놀랍도록 빠르게 발전하고 있기 때문이죠. 다만 우려하시는 일이 현실이 되려면 좀 더 해결해야 할 어려운 문제들이 있다는 거예요.

**최현우** ───── 그럼 언제가 될지는 모르겠지만, 제가 우려하는 상황이 오면 어떻게 될까요? 인공지능이 정말 발전해서 영화 〈아이언맨〉의 인공지능 비서 '자비스'처럼 앞에 보이는 마술이나 영상을 모두 분석해주면 말입니다. 마술이 뇌의 착각, 편견, 허점 등을 이용한다고 하지만, 인공지능이 뇌의 부족한 점을 모두 보충하게 되는 게 아닐까요? 간단히 동전을 없애는 마술의 경우, 동전이 어느 손에 있을지의 가능

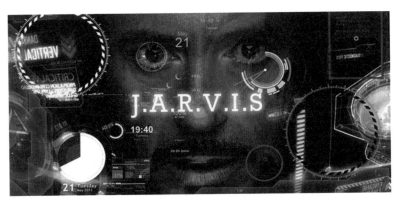

▷ 영화 〈아이언맨〉의 인공지능 비서 '자비스'

성이 분석되는 것만으로도 공연이 큰 치명타를 입을 수 있거든요.

**송영조** _____ 만약 인공지능이 인간 뇌의 편향이나 약점을 보완하게 되면, 마술을 선보이는 일은 상당히 도전적인 과제가 되겠죠. 관객을 속이는 데 사용되는 전통적인 마술 기법들이 더 이상 효과적이지 않을 수 있으니까요.

하지만 지금까지 살펴보았듯이, 마술의 진정한 가치가 단순히 관객을 속이는 데만 있진 않습니다. 뇌과학의 관점에서 마술의 본질적 가치는 인간 뇌의 기본적인 작동 방식과 깊이 연결되어 있고, 이런 가치는 시간이 지나도 쉽게 변하지 않을 거예요. 우리 인간이 수십만 년 전 원시인의 뇌와 크게 다르지 않은 뇌 구조로 살아가듯이, 미래에도 인간의 뇌는 그 본질적 특성을 유지할 것이며, 그렇기에 마술의 본질적인 가치와 매력 또한 시대를 초월해 지속되겠죠.

**최현우** —— 전적으로 동의해요. 이는 마술사가 마술의 뇌과학적 원리를 심도 있게 연구하고 탐구해야 하는 이유입니다. 마술의 본질을 정확히 이해함으로써 새롭고 창의적인 방향으로 나아갈 수 있죠.

**송영조** —— 귀중한 통찰을 주는 말이네요. 어떤 분야를 연구할 때 대상의 본질을 이해하는 것이 그 분야의 발전과 응용에 필수적이라고 생각해요.

**최현우** —— 과거를 돌아보면, 마술은 많은 변화와 도전을 경험했어요. 마술의 역사는 고대 이집트 시대까지 거슬러 올라가고, 사람들은 마술사가 진정한 초자연적인 능력을 지녔다고 믿었고요. 그러나 합리주의와 과학이 발전하면서 신비로운 능력에 대한 믿음은 점차 사라지고, 마술에 대한 의문과 회의적인 시각이 자리 잡았죠. 이러한 변화는 마술을 기술과 환상, 오락을 중심으로 한 예술 형태로 발전시키는 데 중요한 역할을 했습니다. 예를 들어 제가 가장 존경해 마지않는 마술사 데이비드 카퍼필드는 스토리텔링, 드라마, 쇼맨십을 마술에 결합해 마술의 예술적 가치를 한층 더 발전시켰죠.

영국 출신의 심리 마술사 데런 브라운은 심리학적 기법의 중요성을 부각했고, 이를 통해 마술을 지적 유희로 승화시켰어요. 브라운의

▸ 스토리텔링과 드라마적인 요소를 녹여내 마술의 예술적 가치를 끌어올린 데이비드 카퍼필드(왼쪽)와 마술 속 심리학적 기법을 강조함으로써, 마술에 담긴 지적 유희의 가치를 끌어올린 데런 브라운(오른쪽).

독특한 방식은 심리학계의 주목을 받으며 많은 연구의 주제가 되기도 했죠. 그의 접근 방식은 현실과 마술의 경계를 흐리게 해, 관객 스스로 인식과 믿음을 재고하도록 유도했어요. 이러한 방식은 마술을 단순한 트릭의 집합이 아니라, 관객이 깊이 몰입하고 사유할 수 있는 경험으로 탈바꿈시켰다고 평가받습니다.

　이처럼 마술의 발전 과정을 살펴보면, 마술의 가치가 단순한 속임수 이상이라는 점을 알 수 있어요. 마술은 예술, 과학, 심리학 등 다양한 분야와 융합하며 진화해왔고, 이제 감각을 속이는 트릭을 넘어 사람의 마음과 생각을 변화시키는 힘이 있다고 평가받죠. 오늘 공연을 통해 알게 된 뇌과학적 관점도 마술의 가치를 한층 끌어올려줄 거라 생각해요.

**송영조** ——— 인공지능 시대에 마술의 역할은 더 커질 수 있어요. 인공지능이 더욱 발전해 우리 삶의 많은 부분을 차지하게 되면, 인간의 정보처리 과정에서 나타나는 착각, 편향, 허점을 이해하는 일이 더 중요해질 거예요. 예를 들어 인간의 인지적 한계와 착각을 이해함으로써 교육과 학습 시스템을 더욱 효과적으로 설계할 수 있죠. 뇌의 허점을 이해하는 것은 인간을 닮은 인공지능을 만드는 데에도 영향을 줄 수도 있습니다. 더불어 인간의 편향이 인공지능 알고리즘에 영향을 미칠 수 있기 때문에, 인간의 뇌가 어떻게 정보를 처리하고 편향을 생성하는지 이해하면 이러한 편향을 AI 시스템에서 식별하고 수정하는 데도 도움이 될 거예요.

더 나아가 인공지능이 많은 사람들의 업무를 대체하고 있는 지금, 인공지능에 대체되지 않기 위해 인공지능이 해결할 수 없는 복잡한 문제를 해결하거나 새롭게 발견하는 능력이 중요해지고 있습니다. 특히 호기심은 학습과 발전의 주요 동력으로, 지속적인 개인적·전문적 성장을 촉진하고 새로운 아이디어와 혁신을 창출하는 데 기여하죠. 따라서 호기심을 유발하는 학습은 인공지능 시대에 전문성을 기르기 위한 중요한 요소이며, 마술을 이용한 교육 프로그램이 이에 도움을 줄 수 있어요. 앞서 언급드린 창의성 향상과 마술의 긴밀한 연관성을 생각해볼 때, 여러 방안으로 마술을 인재 교육에 활용할 여러 방안이 있을 겁니다.

　물론 미래의 모습을 예측하는 것은 불가능에 가까워요. 지금의 상상력을 넘어서는 새로운 혁신이 어디선가 도사리고 있을 겁니다. 이미지의 영역에서 마술사는 전통적인 마술의 경계를 넘어 완전히 새로운 형태의 엔터테인먼트를 창조해낼 수도 있고요. 인공지능 기술이 발전해 우리 일상을 어떻게 변화시키더라도, 인간이 뇌를 가진 이상, 뇌의 착각을 활용해 관객에게 놀라움과 즐거움을 선사한다는 마술의 본질은 시간이 흘러도 변하지 않을 거예요. 비록 마술의 형태와 방법이 시대에 따라 변모할지라도 말이죠.

**최현우** _____ 저도 동의합니다. 마술은 변화하는 시대 안에서도 그 가치를 유지하며 인류의 상상력과 호기심을 계속 자극할 거예요. 따라서 그저 관객을 속이는 행위로만 보는 고정관념에서 벗어나, 그 뇌과학적 원리에 관심을 기울일 필요가 있습니다. 마술사들도 마술의 본질적 가치를 어떻게 활용하고 발전시킬 수 있을지 깊이 고민해야 하는 시기인 것 같고요.

　어느새 여정을 마무리해야 할 시간입니다. 마술의 역사와 미래의 가능성, 그리고 마술 트릭 속에 숨겨진 뇌과학의 신비로운 원리들을 탐험하는 장대한 여정이었네요.

**송영조** _____ 저에게도 최현우 마술사와 함께한 이 공연은 마술 속에 숨겨진 뇌과학적 원리를 다시금 탐구하는 귀중한 시간이었어요. 관객 여러분도 마술사들이 어떻게 뇌의 정보처리 기능을 이해하고 활용하는지 몸소 경험하셨기를 바라며, 마술의 뇌과학적 가치를 넘어 뇌과학의 깊이와 매력까지도 느낄 수 있었으리라 믿습니다.

# 오프닝

1 Alchin, L. K., "Heka, god of Egypt", https://www.landofpyramids.org/
heka.htm(검색일: 2024.2.1.)

2 Hieronymus Bosch, *The Conjurer*, Musée municipal de Saint-Germain-
en-Laye.

3 Grassi, P. R. and A. Bartels, "Magic, Bayes and wows: A Bayesian account
of magic tricks", *Neuroscience & Biobehavioral Reviews*, 126, 2021,
pp.515~527; Smith, W., F. Dignum and L. Sonenberg, "The construction
of impossibility: a logic-based analysis of conjuring tricks", *Frontiers in
psychology*, 7, 2016, p.748.

4 Danek, A. H. et al., "An fMRI investigation of expectation violation in
magic tricks", *Frontiers in psychology*, 6, 2015, p.84.

5 Acevedo, B. P., A. Aron, H. E. Fisher and L. L. Brown, "Neural correlates
of long-term intense romantic love", *Social cognitive and affective
neuroscience*, 7(2), 2012, pp.145~159.

6 Aron, A. et al., "Reward, motivation, and emotion systems associated with
early-stage intense romantic love", *Journal of neurophysiology*, 94(1),
2005, pp.327~337.

7 Villablanca, J. R., "Why do we have a caudate nucleus", *Acta Neurobiol
Exp (Wars)*, 70(1), 2010, pp.95~105.

8 Gazzaniga, M. S., "Cerebral specialization and interhemispheric

communication: does the corpus callosum enable the human condition?" *Brain*, 123(7), 2000, pp.1293~1326; Roser, M. E. et al., "Dissociating processes supporting causal perception and causal inference in the brain", *Neuropsychology*, 19(5), 2005, p.591.

# 1막

1 Tarbell, H. and B. S. Elliott, *The Tarbell course in magic*, (No Title), 1944.

2 Le Moan, S. and M. Pedersen, "A three-feature model to predict colour change blindness", Vision, 3(4), 2019, p.61.

3 Simons, D. J. and D. T. Levin, "Change blindness", *Trends in cognitive sciences*, 1(7), 1997, pp.261~267; Jensen, M. S. et al., "Change blindness and inattentional blindness", *Wiley Interdisciplinary Reviews: Cognitive Science*, 2(5), 2011, pp.529~546; Cohen, M. A., D. C. Dennett and N. Kanwisher, "What is the bandwidth of perceptual experience?", *Trends in cognitive sciences*, 20(5), 2016, pp.324~335.

4 Le Moan, S. and M. Pedersen, "A three-feature model to predict colour change blindness", p.61.

5 Feldman, H. and K. J. Friston, "Attention, uncertainty, and free-energy", *Frontiers in human neuroscience*, 4, 2010, p.215; Lindsay, G. W., "Attention in psychology, neuroscience, and machine learning", *Frontiers in computational neuroscience*, 14, 2020, p.29; Petersen, S. E. and M. I. Posner, "The attention system of the human brain: 20 years after", *Annual review of neuroscience*, 35, 2012, pp.73~89.

6 Simons, D. J. and C. F. Chabris, "Gorillas in our midst: Sustained inattentional blindness for dynamic events", *Perception*, 28(9), 1999, pp.1059~1074.

7 Mack, A. and I. Rock, "Inattentional blindness: Perception without attention", *Visual attention*, 8(01), 1998, Oxford University Press.

8 Beanland, V. and K. Pammer, "Minds on the blink: The relationship

between inattentional blindness and attentional blink", *Attention, Perception, & Psychophysics*, 74, 2012, pp.322~330.

9   Gelderblom, H. and L. Menge, "The invisible gorilla revisited: using eye tracking to investigate inattentional blindness in interface design." in Proceedings of the 2018 International Conference on Advanced Visual Interfaces, 2018.

10  Kuhn, G., et al., "Misdirection in magic: Implications for the relationship between eye gaze and attention", *Visual Cognition*, 16(2-3), 2008, pp.391~405.

11  같은 글.

2   Barnhart, A. S. and S. D. Goldinger, "Blinded by magic: Eye-movements reveal the misdirection of attention", *Frontiers in Psychology*, 5, 2014, p.1461.

13  De Boer, D. M. L., P. J. Johnston, G. Kerr, M. Meinzer and A. Cleeremans, "A causal role for the right angular gyrus in self-location mediated perspective taking", *Scientific Reports*, 10(1), 2020, 19229.

14  Otero-Millan, J. et al., "Stronger misdirection in curved than in straight motion", *Frontiers in Human Neuroscience*, 5, 2011, p.133.

15  Demers, L. B. et al., "Infant gaze following during parent–infant coviewing of baby videos", *Child Development*, 84(2), 2013, pp.591~603; Farroni, T. et al., "Gaze following in newborns", *Infancy*, 5(1), 2004, pp.39~60.

16  Kuhn, G. and M. F. Land, "There's more to magic than meets the eye", *Current Biology*, 16(22), 2006, pp.R950-R951.

17  Maughan, Lizzie, "Cuing customers to look at your key messages", 2009.6.28., https://web.archive.org/web/20120102084609/http://thinkeyetracking.com/2009/06/cuing-customers-to-look-at-your-key-messages/

18  Wiseman, R. J. and T. Nakano, "Blink and you'll miss it: the role of blinking in the perception of magic tricks", *PeerJ*, 4, 2016, p.e1873.

19  Camí, J. and L. M. Martínez, *The Illusionist Brain: The Neuroscience of Magic*, Princeton University Press, 2022.

20 같은 책.


## 2막

1 Macknik, S. L. et al., "Attention and awareness in stage magic: turning tricks into research", *Nature Reviews Neuroscience*, 9(11), 2008, pp.871~879.

2 Sugihara, K., "Ambiguous Cylinders: A New Class of Solid That Evokes Anomalous Perception", *Journal of Vision*, 15(12), 2015, p.730~730.

3 Bear, M., B. Connors and M. A. Paradiso, *Neuroscience: exploring the brain*, enhanced edition, 2020, Jones & Bartlett Learning; Gazzaniga, M. S., *The cognitive neurosciences*, MIT press, 2004.

4 Pizlo, Z., "Perception viewed as an inverse problem", *Vision research*, 41(24), 2001, pp.3145~3161; Blakeslee, B. and M. E. McCourt, "What visual illusions tell us about underlying neural mechanisms and observer strategies for tackling the inverse problem of achromatic perception", *Frontiers in Human Neuroscience*, 9, 2015, p.205.

5 Blakeslee, B. and M. E. McCourt, "What visual illusions tell us about underlying neural mechanisms and observer strategies for tackling the inverse problem of achromatic perception", p.205.

6 The Royal Institution, "The Hollow Mask Illusion - ExpeRimental Extra!", 2017.5.11, https://www.youtube.com/watch?v=pH9dAbPOR6M

7 Hill, H. and A. Johnston, "The hollow-face illusion: Object-specific knowledge, general assumptions or properties of the stimulus?", *Perception*, 36(2), 2007, pp.199~223; Hill, H. and Bruce, V. "Independent effects of lighting, orientation, and stereopsis on the hollow-face illusion", *Perception*, 22(8), 1993, pp.887~897.

8 Corrow, S. L., J. Mathison, C. E. Granrud and A. Yonas, "Six-month-old infants' perception of the hollow face illusion: Evidence for a general convexity bias", *Perception*, 43(11), 2014, pp.1177~1190.

9   동화같은 수학이야기, 〈[Make Math] 거울 착시도형 만들기(How to make mirror illusion)〉, 2020.8.6, https://www.youtube.com/watch?app=desktop&v= MsZ158eTD5s

10  Macknik, S., S. Martinez-Conde and S. Blakeslee, *Sleights of mind: What the neuroscience of magic reveals about our everyday deceptions*, Henry Holt and Company, 2010.

11  Wouterlood, D. and F. Boselie, "A good-continuation model of some occlusion phenomena", *Psychological Research*, 54(4), 1992, pp.267~277.

12  Grassi, P. R. and A. Bartels, "Magic, Bayes and wows: A Bayesian account of magic tricks", *Neuroscience & Biobehavioral Reviews*, 126, 2021, pp.515~527; Camí, J. and L. M. Martínez, *The Illusionist Brain: The Neuroscience of Magic*, 2022, Princeton University Press; Macknik, S. L. et al., "Attention and awareness in stage magic: turning tricks into research", pp.871~879; Macknik, S., S. Martinez-Conde and S. Blakeslee, *Sleights of mind: What the neuroscience of magic reveals about our everyday deceptions*.

## 3막

1   Lafer-Sousa, R., K. L. Hermann and B. R. Conway, "Striking individual differences in color perception uncovered by 'the dress' photograph", *Current Biology*, 25(13), 2015, pp.R545-R546.

2   Witzel, C. and K. R. Gegenfurtner, "Color perception: Objects, constancy, and categories", *Annual Review of Vision Science*, 4, 2018, pp.475~499; Witzel, C., C. Racey and J. K. O'Regan, "The most reasonable explanation of 'the dress': Implicit assumptions about illumination", *Journal of Vision*, 17(2), 2017, p.1-1.

3   Witzel, C., J. K. O'Regan and S. Hansmann-Roth, "The dress and individual differences in the perception of surface properties", *Vision Research*, 141, pp.76-94; Aston, S. and A. Hurlbert, "What# theDress reveals about

the role of illumination priors in color perception and color constancy", *Journal of vision*, 17(9), 2017, p.4-4; Chetverikov, A. and I. Ivanchei, "Seeing 'the Dress' in the right light: Perceived colors and inferred light sources", *Perception*, 45(8), 2016, pp.910~930; Toscani, M., K. R. Gegenfurtner and K. Doerschner, "Differences in illumination estimation in# thedress", *Journal of Vision*, 17(1), 2017, p.22-22; Uchikawa, K., T. Morimoto and T. Matsumoto, "Understanding individual differences in color appearance of '# TheDress' based on the optimal color hypothesis", *Journal of Vision*, 17(8), 2017, p.10-10; Wallisch, P., "Illumination assumptions account for individual differences in the perceptual interpretation of a profoundly ambiguous stimulus in the color domain: 'The dress'", *Journal of Vision*, 17(4), 2017, p.5~5.

4  Singer, J. J., R. M. Cichy and M. N. Hebart, "The spatiotemporal neural dynamics of object recognition for natural images and line drawings", *Journal of Neuroscience*, 2023, 43(3), pp.484~500.

5  Walther, D. B. et al., "Simple line drawings suffice for functional MRI decoding of natural scene categories", *Proceedings of the National Academy of Sciences*, 108(23), 2011, pp.9661~9666.

6  Sadr, J., I. Jarudi and P. Sinha, "The role of eyebrows in face recognition", *Perception*, 32(3), 2003, pp.285~293.

7  "Zig Zag Girl", Celebrity Wiki, https://celebrity.fandom.com/wiki/Zig_Zag_Girl

8  Magic Brothers, "Illusions - MAGIC BROTHERS - show live 2016", 2016.4.12, https://www.youtube.com/watch?v=0T31zsj_vkk&list=PL3TRKDAOq8DlsBXEaNoGdzvtBc7JjcTmT

## 4막

1  Lee, J. L., K. Nader and D. Schiller, "An update on memory reconsolidation updating", *Trends in cognitive sciences*, 21(7), 2017, pp.531~545; Zhuang,

L., J. Wang, B. Xiong, C. Bian, L. Hao, P. J. Bayley and S. Qin, "Rapid neural reorganization during retrieval practice predicts subsequent long-term retention and false memory", *Nature Human Behaviour*, 6(1), 2022, pp.134~145.

2  Camí, J. and L. M. Martínez, *The Illusionist Brain: The Neuroscience of Magic*, Princeton University Press, 2022.

3  Lee, J. L., K. Nader and D. Schiller, "An update on memory reconsolidation updating", *Trends in cognitive sciences*, 21(7), 2017, pp.531~545; Dujardin, K. and B. Laurent, "Dysfunction of the human memory systems: role of the dopaminergic transmission. Current opinion in neurology", 16, 2003, pp.S11~S16; Loftus, E. F. and J. C. Palmer, "Reconstruction of automobile destruction: An example of the interaction between language and memory", *Journal of verbal learning and verbal behavior*, 13(5), 1974, pp.585~589; Nellessen, N. et al., "Specific and disease stage-dependent episodic memory-related brain activation patterns in Alzheimer's disease: a coordinate-based meta-analysis", *Brain Structure and Function*, 220, 2015, pp.1555~1571; Roy, D. S. et al., "Memory retrieval by activating engram cells in mouse models of early Alzheimer's disease", *Nature*, 531(7595), 2016, pp.508~512; Ryan, T. J. and S. Tonegawa, "Rehebbilitating memory", *Neuropsychopharmacology*, 41(1), 2016, p.370; Shields, G. S. et al., "The effects of acute stress on episodic memory: A meta-analysis and integrative review", *Psychological bulletin*, 143(6), 2017, p.636; Wirkner, J. et al., "New learning following reactivation in the human brain: Targeting emotional memories through rapid serial visual presentation", *Neurobiology of Learning and Memory*, 119, 2015, pp.63~68.

4  Wade, K. A., et al., "A picture is worth a thousand lies: Using false photographs to create false childhood memories", *Psychonomic bulletin & review*, 9(3), 2002, pp.597~603.

5  Loftus, E. F. and J. E. Pickrell, "The formation of false memories", *Psychiatric Annals*, 25(12), 1995, pp.720~725.

6  Kuhn, G. and A. Pailhes, *The Psychology of Magic: from lab to stage*,

Vanishing Incorporated, 2023.

7   Loftus, E. F. and J. C. Palmer, "Reconstruction of automobile destruction: An example of the interaction between language and memory", pp.585~589.

8   같은 글.


## 5막

1   Haggard, P., "Sense of agency in the human brain. Nature Reviews", *Neuroscience*, 18(4), 2017, pp.196~207.

2   Olson, J. A. et al., "Influencing choice without awareness", *Consciousness and Cognition*, 37, 2015, pp.225-236.

3   Pailhès, A. and G. Kuhn, "Influencing choices with conversational primes: How a magic trick unconsciously influences card choices", *Proceedings of the National Academy of Sciences*, 117(30), 2020, pp.17675~17679.

4   Kuhn, G. and A. Pailhes, *The Psychology of Magic: from lab to stage*, Vanishing Incorporated, 2023.

5   같은 책.

6   Pailhès, A. and G. Kuhn, "The apparent action causation: Using a magician forcing technique to investigate our illusory sense of agency over the outcome of our choices", *Quarterly Journal of Experimental Psychology*, 73(11), 2020, pp.1784~1795.

7   Pailhès, A., S. Kumari and G. Kuhn, "The Magician's Choice: Providing illusory choice and sense of agency with the Equivoque forcing technique", *Journal of Experimental Psychology: General*, 150(7), 2021, p.1358.

8   Kuhn, G. and A. Pailhes, *The Psychology of Magic: from lab to stage*.

9   Johansson, P. et al., "Failure to detect mismatches between intention and outcome in a simple decision task", *Science*, 310(5745), 2005, pp.116~119.

어메이징 브레인 쇼

# 6막

1  Kuhn, G. and A. Pailhes, *The Psychology of Magic: from lab to stage*, Vanishing Incorporated, 2023.

2  Friston, K., "The free-energy principle: a unified brain theory?" *Nature reviews neuroscience*, 11(2), 2010, pp.127~138.

3  Grassi, P. R. and A. Bartels, "Magic, Bayes and wows: A Bayesian account of magic tricks", *Neuroscience & Biobehavioral Reviews*, 126, 2021, pp.515~527.

4  Shin, Y. K., S. Choe and O. S. Kwon, "Strong evidence for ideomotor theory: Unwilled manifestation of the conceptual attribute in movement control", *Frontiers in Psychology*, 14, 2023, 1066839.

5  Parr, T., G. Pezzulo and K. J. Friston, *Active inference: the free energy principle in mind, brain, and behavior*, MIT Press, 2022.

6  Brown, H., K. Friston and S. Bestmann, "Active inference, attention, and motor preparation", *Frontiers in psychology*, 2, 2011, p.218.

7  Fitzkee, D., *Contact mind reading-expanded*, 2004[1945].

8  Grassi, P. R. and A. Bartels, "Magic, Bayes and wows: A Bayesian account of magic tricks", *Neuroscience & Biobehavioral Reviews*, 126, 2021, pp.515~527; Gottlieb, J. and P. -Y. Oudeyer, "Towards a neuroscience of active sampling and curiosity", *Nature Reviews Neuroscience*, 19(12), 2018, pp.758~770.

9  Ozono, H. et al., "Magic Curiosity Arousing Tricks (MagicCATs): A novel stimulus collection to induce epistemic emotions", *Behavior Research Methods*, 53, 2021, pp.188~215.

10 Mohr, C., L. Lesaffre and G. Kuhn, "Magical potential: why magic performances should be used to explore the psychological factors contributing to human belief formation", *Integrative Psychological and Behavioral Science*, 53, 2019, pp.126~137; Olson, J. A., I. Demacheva and A. Raz, "Explanations of a magic trick across the life span", *Frontiers in Psychology*, 2015, p.219; Fortier, M. and S. Kim, "From the impossible to

the improbable: A probabilistic account of magical beliefs and practices across development and cultures", *The science of lay theories: How beliefs shape our cognition, behavior, and health*, Springer International Publishing/Springer Nature, 2017, pp.265~315.

11  Olson, J. A., I. Demacheva and A. Raz, "Explanations of a magic trick across the life span", p.219.

## 엔딩

1  Acevedo, B. P., A. Aron, H. E. Fisher and L. L. Brown, "Neural correlates of long-term intense romantic love", *Social cognitive and affective neuroscience*, 7(2), 2012, pp.145~159.

2  Aron, A. et al., "Reward, motivation, and emotion systems associated with early-stage intense romantic love", *Journal of neurophysiology*, 94(1), 2005, pp.327~337.

3  Kuhn, G. and A. Pailhes, *The Psychology of Magic: from lab to stage*, Vanishing Incorporated, 2023.

4  Spencer, K., "Biography". https://kevinspencerlive.com/.

5  Spencer, K., "Hocus focus: evaluating the academic and functional benefits of integrating magic tricks in the classroom", *Journal of the International Association of Special Education*, 13(1), 2012, pp.87~99.

6  https://www.facebook.com/spencersmagic

7  Levin, D. M., "Magic Arts Counseling: The Tricks of Illusion as Intervention", *Georgia School Counselors Association Journal*, 13, 2006, pp.14~23.

8  Bagienski, S. and G. Kuhn, "The crossroads of magic and wellbeing: A review of wellbeing-focused magic programs, empirical studies, and conceivable theories", *International Journal of Wellbeing*, 9(2), 2019; Lam, M. T., H. R. Lam and L. Chawla, "Application of magic in healthcare: a scoping review", *Complementary Therapies in Clinical Practice*, 26, 2017,

어메이징 브레인 쇼

pp.5~11; Wiseman, R. and C. Watt, "Achieving the impossible: a review of magic-based interventions and their effects on wellbeing", *PeerJ*, 6, 2018, p.e6081.

9   Wiseman, R. and C. Watt, "Achieving the impossible: a review of magic-based interventions and their effects on wellbeing", p.e6081.

10  리처드 파인만 저, 김희봉 역, 《파인만 씨, 농담도 잘하시네! 1》, 사이언스북스, 2000년.

11  Kuhn, G. and A. Pailhes, *The Psychology of Magic: from lab to stage*.

12  Zheng, L. et al., "What Makes a Nobel Prize Innovator? Early Growth Experiences and Personality Traits", *Frontiers in Psychology*, 13, 2022, p.845164.

13  Noftle, E. E. and R. W. Robins, "Personality predictors of academic outcomes: big five correlates of GPA and SAT scores", *Journal of personality and social psychology*, 93(1), 2007, p.116.

14  Spencer, K., "Hocus focus: evaluating the academic and functional benefits of integrating magic tricks in the classroom", pp.87~99.

15  Guilford, J. P. et al., *Alternate uses*, 1978[1954].

16  Ritter, S. M. et al., "Diversifying experiences enhance cognitive flexibility", *Journal of experimental social psychology*, 48(4), 2012, pp.961~964; Fee, A. and S. J. Gray, "The expatriate-creativity hypothesis: A longitudinal field test", *Human Relations*, 65(12), 2012, pp.1515~1538.

17  Wiseman, R., A. Wiles and C. Watt, "Conjuring up creativity: the effect of performing magic tricks on divergent thinking", *PeerJ*, 9, 2021, p.e11289.

18  Russ, S. W. and A. Grossman-McKee, "Affective expression in children's fantasy play, primary process thinking on the Rorschach, and divergent thinking", *Journal of Personality Assessment*, 54(3-4), 1990, pp.756~771; Russ, S. W., A. L. Robins and B. A. Christiano, "Pretend play: Longitudinal prediction of creativity and affect in fantasy in children", *Creativity Research Journal*, 12(2), 1999, pp.129~139; Bunce, L. and J. D. Woolley, "Fantasy orientation and creativity in childhood: A closer look", *Cognitive Development*, 57, 2021, p.100979.

나의 뇌에 영감을 주고,
용기를 불어넣으며,
마법을 걸어준 Y.A.Q에게 이 책을 바칩니다.

최현우